站在巨人的肩上
Standing on Shoulders of Giants

TURING
图灵教育

iTuring.cn

U0247843

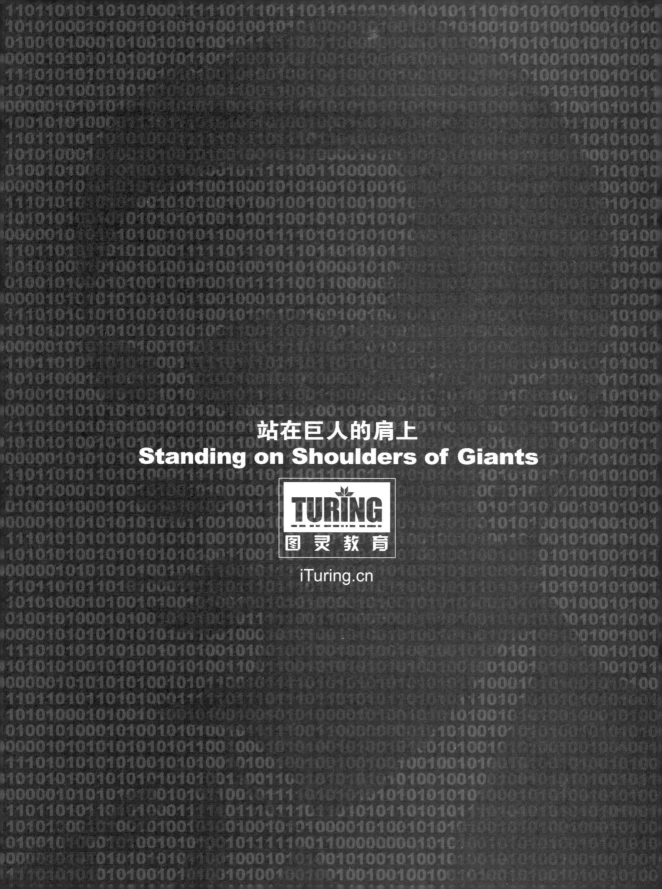
站在巨人的肩上
Standing on Shoulders of Giants

iTuring.cn

通往架构师之路

代码里的世界观

余叶 ◎ 著

人民邮电出版社

北京

图书在版编目（CIP）数据

代码里的世界观：通往架构师之路 / 余叶著. --
北京：人民邮电出版社，2018.11
（图灵原创）
ISBN 978-7-115-49523-5

Ⅰ. ①代… Ⅱ. ①余… Ⅲ. ①程序设计 Ⅳ.
①TP311.1

中国版本图书馆CIP数据核字(2018)第224651号

内 容 提 要

本书分为两大部分，第一部分讲述程序员在编写程序和组织代码时遇到的很多通用概念和共同问题，比如程序里的基本元素，如何面向对象，如何面向抽象编程，什么是耦合，如何进行单元测试等。第二部分讲述程序员在编写代码时的思考和选择，比如程序员的两种工作模式，如何坚持技术成长，程序员的组织生产方法，程序员的职业生涯规划等。

本书适合工作 2~5 年，有一定基础的程序员阅读。

◆ 著　　　　余　叶

责任编辑　王军花

责任印制　周昇亮

◆ 人民邮电出版社出版发行　　　北京市丰台区成寿寺路11号

邮编　100164　电子邮件　315@ptpress.com.cn

网址　http://www.ptpress.com.cn

涿州市京南印刷厂印刷

◆ 开本：800×1000　1/16

印张：15

字数：354千字　　　　　　　2018年11月第 1 版

印数：1 - 3 000册　　　　　　2018年11月河北第 1 次印刷

定价：59.00元

读者服务热线：(010)51095186转600　印装质量热线：(010)81055316

反盗版热线：(010)81055315

广告经营许可证：京东工商广登字 20170147 号

前　　言

安安静静地写代码不知不觉已经十几年，这期间偶尔会有同龄的程序员朋友对我倾诉：他变得不喜欢编程啦，又或者因升为领导而沾沾自喜——总算不用编程了。我听了挺难过的，一个你不喜欢的高强度脑力工作，还吭哧吭哧干了十多年，这该多么痛苦啊。我遇到更普遍的老程序员的态度是：不喜欢也不讨厌，就一份工作而已。

我发现自己对于编程的兴趣曲线似乎与众不同，是从一开始的既不喜欢也不讨厌，到现在的越来越喜欢，算是后知后觉型。为什么会有这样的变化？除了天赋有限，我觉得和自己内心深处的兴趣点密切相关。

我也在不断追逐技术潮流，但更感兴趣的始终不是新框架带来了哪些新概念，而是背后那些最朴实、最基本的代码结构的本质，是那些最通用的编程技巧。跟随并学习潮流技术只是我的手段，能不断补充属于我的编程技巧才是最终目的。渐渐地，对软件编程的很多困惑，在我坚持了十多年后纷纷得以解答。这正是我的兴趣曲线不降反升的原因。

所以呢，我的程序员生涯并不完美，始终慢别人一拍地去学习。也有沮丧也有迷茫，还好我一直清楚自己最想要的是什么：在能满足温饱的同时，我要解答自己最想知道的那部分疑惑。坚持到现在，也足以让我写本书与大众分享了。

我总认为代码所描述的世界，也有它的哲学内在，这个世界有自己的运行规律，有属于自己的世界观。每次我理解完一个新东西，总是试图往规律或内在方面去挂钩。哪怕是一些简单技术，也要琢磨一下它的本质到底是什么。

比如，我认为编程中组织代码的能力，说白了就是将各种 API 串起来的能力，无论是针对新鲜的、高大上的 API，还是已经淘汰的 API。最近层出不穷的新技术，比如搜索、云计算、区块链等，要使用它们，不可能自己去从头开发。那些基础设施，牛人们一般已经给你开发好了。作为一名普通的程序员，你面对的终究还是一堆一堆的 API，然后以业务需求为基础，去组织这些API。如何能让凌乱的代码组织得更好，正是本书要讨论的重点内容。

因此，本书所讲的基本都是编程的通用知识点，它们是 10 年甚至 20 年都不会淘汰的编程技术，也是每个人都会遇到且思考过的问题。而决意写这种题材的编程书确实需要勇气。

网上当然有很多相关资料，但太分散。其中很多都是初学者自己学习时的体验心得，但初学者总结的规律往往缺乏厚度。可当你有足够多的实战经验，可以总结更有价值的内容时，却在忙着学习其他新知识，并不会特意花时间分享你早已掌握的知识。这就是现实情况：很多真正有价值的东西，仅在高手的脑子里，而得不到传承。

另一方面，这些 10 年甚至 20 年都不会被淘汰的编程知识，市面上也极少有将它们综合起来并讲得有意思的书。我按照自己的理解和领悟，把许多知识点汇入到这本书里。它们都不是潮流的知识点，而是厚重的基础知识，因此，本书值得保存在你的书架里很多年。

我不敢推测大家是否喜欢这本书，但是如果是我自己，刚工作 3~5 年时看到这本书，一定会非常喜欢。

我力图让"本书处处充满干货"这句话落到实处。如果你工作了 3~5 年，我相信这本书会对你的技术提升有立竿见影的效果。如果你才开始工作，它能帮你建立良好的代码世界观，更容易理解代码的世界。

我深知，充分理解这些技术的过程是枯燥的。为了保持易读性和趣味性，我尽量让书里的每段代码都足够短，代码难度尽量低。书里还有大量的比喻，每一句都是仔细斟酌过的，自认为类比蛮贴切的。我一直认为类比推论如果相似度不高，其实会起反效果，那还不如不用。所以每当我想出了一个绝好的比喻时，可能比想通一个技术难点还开心。

为了保证原创性，我尽量避免看同类的文章和书，生怕思路被带走。虽然这样做，有些结论可能失之偏颇，但我认为值得。所以请每一位读者带着怀疑的态度来阅读本书，这样能让你们受益最多。

最后，总结一下本书的几个要点。

❑ 编程最基础的是语法，但语法仅仅是编程最底层的强制性约束。在这之上还有很多需要自我约束的规则，而这些规则正是本书要讲的重点。比如：

- 如何面向抽象编程和面向接口编程；
- 耦合的本质，解耦的原则；
- 用面向对象的方式看世界，以及对象之间的关系；
- 把变化抽象成数据；
- 把容易变化的逻辑，放在容易改变的地方；
- 隐式约定和显式约定。

❑ 本书的代码并没有局限于某种特定语言，基本上是针对某种场合，哪种语言描述最合理、最简洁，就采取哪种。有的知识点即使不是所有语言都支持的，但肯定也是绝大多数语言都支持的功能。而且，我也相信一个程序员一生不可能只用一种编程语言。

❑ 很多知识点阐述的角度可能与一般人不同。我喜欢见微知著，从小往大讲。所以书中会从简单的 `if...else` 语句深入到开闭设计原则，从 `static` 关键字深入到类扩展，从 `bool` 变量深入到描述业务的规约，从散列表深入到控制反转原则，从数据化过渡到反射。我相信一个技术哪怕你懂了，当换个角度去理解它时，还是能收获很多新东西。

❑ 每一种技术都会对应着各自的应用场景，不熟悉它们的应用场景，就存在滥用的风险。而这些只能靠多年的经验去积累。所以本书极其强调需求背景，也就是应用场景，这也是它区别于其他书最重要的特征。套用一句话："一切不以应用场景为背景去探讨设计优劣的，都是耍流氓。"本书有大量我经历的真实案例，里面都描述了详细的需求背景。你看书的时候，就像身边有一位老程序员，隔着时空，把他多年的实战经历和思考的结晶对你娓娓道来。

❑ 本书包含了很多编程之外的章节，即"武戏"之余还添有"文戏"，例如：

- 编程就是用数学来写作；
- 语言到底哪种好；
- 程序员的精神分裂；
- 程序员的组织生产；
- 程序员的技术成长。

这些章节和写代码并没有直接关系，但我认为这些都是代码世界观的延伸，都是为了更好地去理解代码世界。我相信，很多程序员对这些话题也会很感兴趣，这些内容值得一看。

目　　录

第1章

程序世界的两个基本元素

每个程序的运行过程，都可以比喻成弹珠穿越迷宫的游戏。

有一个竖直方向的复杂迷宫，上面有若干入口，底下有若干出口，里面的路径连接很复杂。我们让众多大小不一、形状各异的弹珠从迷宫上面的入口顺着迷宫管道往下落，直到出口。弹珠从入口跑到出口的过程，就相当于程序运行的过程。

实际上，真实模型会更复杂一些。入口并不是弹珠的唯一来源，有的管道自己会生产弹珠往下落。此外，在运行过程中，有的弹珠会消失在管道里，永远不再出来。如果要对应多线程，迷宫模型也要相应扩展：在前后叠加多个迷宫，由平面变成立体。迷宫相互之间还有桥梁连接，路是通的。

迷宫入口的弹珠，就是程序的原始数据，这些弹珠在下落的过程中会被加工，它们可能会变大或变小，还可能分裂或组合。最终走出迷宫的弹珠，则是呈现给用户需要的最终数据。这里的迷宫管道，就是程序的代码结构。

正如水由氢元素和氧元素构成，程序世界则由数据和代码构成。

1.1 数据和代码的相互伪装

继续顺着这个思路去理解：我们写的代码里，到底哪些属于数据，哪些属于代码？

先举一个简单的例子：

```
bool flag = true;
```

这里，`true` 就是一个形状最小的弹珠，即占内存最小的数据。变量 `flag` 属于代码，也就是说 `flag` 属于迷宫管道结构的一部分。这意味着编译器遇到 `bool flag = true;`，只会判断 `true` 这个数据是不是符合 `bool` 这个类型，并不会立刻把 `true` 保存到 `flag` 中去；而是到了运行的时候，才把 `true` 这个弹珠塞到 `flag` 这个通道里通过！

但有时候双方不容易区分，甚至相互伪装。我们再看一个例子：

```
if(number == 123)
```

这里的 number 是代码，虽然 123 是数字，但也属于代码！它是已经内化到迷宫管道的数字，是属于迷宫结构的一部分。它和弹珠这种动态数据有本质的区别。搞懂这类伪装很重要，这也是我们理解第 6 章的基础。

继续看例子：

```
Person findPerson(string name, int age);
```

其中 string name 和 int age 看起来像数据，却属于代码，它们都属于函数定义里的形参。

但当这个函数被调用，实参被传入时：

```
Person person = findPerson("Jessie", 18);
```

其中的 "Jessie" 和 18 则是数据，属于弹珠。

上面这 3 个例子中，代码都伪装成了数据。

接下来再看一个例子：

```
Dictionary dic = LoadFromFile(file);
```

这里等号左边的变量 dic 是代码，等号右边的 LoadFromFile(file) 也是代码，但 LoadFromFile(file) 的返回值是数据。这意味着这两节迷宫管道结合得比较紧密，嵌套在一起没有缝隙，外面看不出来弹珠的流动。

这个例子就是数据伪装成了代码，或者说数据隐藏在了代码里面。

最后一个问题：函数指针算不算数据？如果一个函数本身作为参数，传递给另一个函数时，那它算不算数据呢？例如：

```
int addFunc(int a, int b) {
    return a + b;
}
int num = Calculate(1, 2, addFunc);
```

这时的 addFunc 算数据吗？如果是，又是一种什么样的数据？

我认为是算的。至少局部肯定算。这就好比迷宫的众多管道中，有些管道是可以移动的，自己化作数据移动，然后嵌入到另一个管道里。**就是说代码本身在特定时候，也可以充当数据。**

但是，这种数据永远只在迷宫内部转，不会出迷宫，也就是说对最终用户是不可见的。最终用户想要的，始终是弹珠这种数据。而迷宫里面是什么形状，又怎么运动，他们并不关心。

所以我们称函数指针是一种特殊的数据，具有封闭性，它的作用只是为了更灵活地处理弹珠数据。

1.2　数据和代码的关系

关系一：数据是根本目的，代码是手段，代码永远是为数据服务的。

数据分为输入数据和输出数据，代码是将输入数据转化为输出数据的工具。用户最关心的永远是最终数据是不是他想要的，并能否在规定的时间内得到；代码如何实现的，并不是用户的关心点。可能有人反驳：对于最近的围棋软件 AlphaGo，大家似乎更关心它的代码算法呀！确实，但这只是暂时好奇，不是永恒的。试想一下，100 年以后，人们在单机版的情况下和 AlphaGo 下围棋，大家早就不关心它的算法了，而是关心具体的棋局。

关系二：有什么样的数据，决定了会有什么样的代码。

有的系统处理的数据量小，有的系统处理的数据量大，两者代码的复杂度肯定不一样。

有的系统虽然数据量大，但主要躺在数据库里，像一潭死水难得动弹，有的系统则不停地实时处理大并发数据，它们的代码复杂度肯定也会不一样。

有的系统输入数据大，输出数据小，比如人工智能，系统可能要分析近百万张猫的图片，才能识别出一只新的猫。这种系统最大的难点主要是分析和加工这些输入数据是否合理和准确。

有的系统输入数据小，输出数据大，比如游戏，玩家的输入肯定是有限的，而系统要向玩家展示一个虚幻世界。这种系统最大的难点是输出数据是否贴合用户的心意。

有的系统，并非所有的输出数据都很重要，所以产生一些 bug，用户是可以容忍的；但有的系统，所有的数据处理必须万无一失，可能业务逻辑并不复杂，但要求无比复杂且精确的代码。

总之，和什么样的数据打交道，会最终决定存在什么样的代码。而代码不断地升级修改，永远是为了匹配数据的要求或者追逐数据的变化。

1.3 总结

程序的运行过程，就像弹珠穿越迷宫的过程。

数据和代码是组成程序的两个基本元素。数据是目的，代码是手段。一定要明白代码是为数据服务的，数据才是整个系统的中心。要时刻提醒自己：归根结底，面向用户的是数据。

如果重构一个系统，抓不住头绪，不妨从数据的角度进行重新梳理和思考。这样抓住源头往往能拨开迷雾，站在更高的角度去理解这个系统，从而生成最佳的想法。

特别标注：本书是基于面向对象讨论的，所以在其他章节里，"数据"一般是指类成员数据，"代码"一般是指"类函数"。

第 2 章

用面向对象的方式去理解世界

2

毫无疑问，面向对象是各大语言采用的主流技术。本书大部分章节也是建立在面向对象的基础之上的，而本章就是串联其他章节的基础。

从面向过程到面向对象，给程序员带来的是一种思维方式的转变。这个思维转变的影响力是巨大的，把它称为思维革命也不为过。而这种转变，是通过多个精妙技术的组合实现的。

下面就好好剖析一下什么是面向对象。

2.1　好的程序员是安徒生

通过面向对象的方式，程序员把各种事物对应成一个一个对象。所以，在现实世界中原本不会动的东西（比如书、房子等），在程序员的脑子里，把它们转变成了有生命的个体，让程序世界更像一个童话世界。进一步讲，在对象拟人化的基础上，我们把对象与对象之间的互动关系给故事化了。大家知道，人类大脑最喜欢听故事和讲故事了，因此用这种思维理解世界最省劲，容易编又记得住。所以程序员写代码的过程很精彩，好比安徒生创作童话的过程。

讲得太抽象？举个例子意会一下。

如果是面向过程，描述动物吃饭：

```
吃(动物，食物);
```

而面向对象描述同样的事情能自然一些：

```
动物.吃(食物);
```

这还不算完，随着动物具体演化，可以演变成：

```
狗.吃(骨头);
猫.吃(鱼);
```

无须定义更多的函数。你看，三两下，一个童话世界似乎要跃然纸上。

面向对象的代码会带来代码层级增加，如果站在编译器的角度，软件的复杂度有时候说不定

还上升了。由于采用最被人类理解的组织结构，因此在人类大脑里反而变简单了。面向对象的方式本质上是借用人类理解世界的方式去构架这些数据和方法之间的关系。说白了，它是人类理解这个世界最省劲的方式。面向对象的方式还能减少人类之间的沟通成本，就是说，它不但有利于开发人员去设计架构，还有利于其他程序员阅读和记忆你的架构。

那么，面向对象究竟通过哪些手段实现代码的拟人化和故事化呢？

主要是我们耳熟能详的三招：封装、继承和多态。这些是每种面向对象语言都会遵循的基本技术。而面向对象的其他技术，不同语言的侧重点会不一样。

2.2 封装——招兵买马，等级森严

"封装"，从字面上去延伸想象，可以知道它所做的是"将一些相互关联的因素装在一起"。它是面向对象的起始步骤，想要更好地面向对象，必须学会封装的相关技巧。

2.2.1 从单细胞到高等生物

一些简单的数据，好比低等生物，例如：

```
int i = 0;
bool ret = true;
```

它们有生命，但没有灵性。而一些数据已经进化到有灵性的高等生物，这就是对象。对象要成为有灵性的生命，首先依靠的是封装，例如：

```
class Person {
    public string name;
    public int age;
}
```

此时对象封装好了肉体，如果再添加一些方法，具备了行为能力，就彻底活了。例如：

```
class Person {
    public string name;
    public int age;
    public void Swim();
    public void Drive();
}
```

封装将若干数据和方法组合在一个叫"类"的身体里。数据是肉体，而方法是让身体动起来的各种行为。方法存在的意义就是操作它对应的数据。

这个身体并不是简单地把它们包裹在一起，普通的结构体 struct 也能处理这些事（C# 和 Swift 的 struct 都能包含数据和方法，C 语言的 struct 虽然不能直接包含方法，但是能定义函数指针这种特殊数据来代替方法）。所以，仅仅将各种元素归档在一起并不是面向对象的标志，面向对象的封装还将这些数据和方法定义进行了等级森严的区分：public、private 和 protected。这三种划分是各大语言最主流的分类。它们同时修饰着数据和方法，划分出这个类

里谁是内脏，谁是外观；哪些是显性基因，哪些是隐性基因。

2.2.2 `public`——对象的外观

public 无疑是最重要的等级，它直接体现一个类对外的表象。

public 方法堂堂正正，没有心机不设防，谁都可以用。它照顾自己，也照顾子孙，它的能力子孙可以继承，属于显性基因。一个类长得是否漂亮，只取决于 public，因为只有 public 所修饰的才能被外界看到。public 方法也一定是类方法里最重要的方法，它直接体现着这个类有多少能力。

我认为每一个 public 方法一旦正式发布后，都代表着一个小小的承诺。既然是承诺，就不要轻易修改。因为很可能被外部引用，一旦修改就会引发一系列麻烦。

public 数据能带来很有意思的话题。

在教科书上，一般都会看到 public 数据的定义：

```
class Person {
    public string name;
    public int age;
}
```

但不知大家是否注意到，在实际工作中，像上面这样的 public 定义很少见。它主要的应用场景是定义不可变的常量，例如：

```
public static readonly string Version = "7.1";
```

对于普通变量，绝大部分语言虽然允许但不推荐 public 数据定义。取而代之的是 private 数据配上对应的 Get/Set 方法，例如用 Java 封装一个 Person 类：

```
class Person {
    private string name;
    public string getName();
    public void setName(string name);

    private int age;
    public int getAge();
    public void setAge();
}
```

有的语言可能封装得好一些，多了 property 的概念，编译器会替你生成对应的 Get/Set 方法，比如 C# 和 Objective-C 的 property 定义。

C#：

```
class Person {
    public string Name{get; set;}
    public int Age{get; set;}
}
```

Objective-C：

```
@interface Person
@property(assign, nonatomic) NSString *name;
@property(assign, nonatomic) int *age;
@end
```

其用法如下：

```
Person person = new Person();
print(person.Name);
print(person.name);
```

这样，`Name` 和 `Age` 对外使用时，和 `public` 成员变量一样，但其内部实现是方法。

Swift 语言最极端，它干脆免除大家的烦恼，我们只能按照普通数据成员的方式去定义：

```
class Person {
    var name : string
    var age : int
}
```

这看起来是数据，其实还是方法。Swift 编译器会永远偷偷帮你转为 "private 数据" 与 "对应的 Get/Set 方法"。只是其中自动生成的 `private` 数据，干脆对你永远不可见。与 `private` 数据结合 Get/Set 方法相比，`property` 能起到简化代码的效果。因为它伪装成了数据，可以让程序员感觉像直接操作数据，更贴心。

既然这么多语言都用方法去代替 `public` 数据，那么一定有人好奇下面这两种定义方式：

❑ 纯 `public` 数据，例如 `public int age;`
❑ `private` 数据结合 Get/Set 方法，或 `property` 定义；

它们有什么不同呢？后一种方式的优势到底在哪里呀？

乍一看确实差不多，但我们静下心来细细数数，优势还不少呢。

❑ **优势一**：能灵活控制读写的权限。比如，我能容易地设置一个只读变量。我只实现 Get，而不实现 Set 方法：

```
private int age;
public int GetAge();
```

但是 `public` 数据可以用 `readonly` 修饰，那又能有什么差别呢？且看，这边还可以反过来呈现 "只写" 的特性：只实现 Set 而去掉 Get 方法。不过 "只写" 特性确实用得少，所以优势不大。

❑ **优势二**：为数据抽象提供可能。Get/Set 虽然是最简单的方法，那也是方法呀，也具备方法的特性：抽象。即使不是每种语言都提供抽象数据，我们笨笨地用 Get/Set 方法，也能轻而易举地实现抽象数据。

❑ **优势三**：安全性。对于有的语言，如 C++和 Objective-C，其类访问数据成员编译之后，是通过偏移量来计算的。

如果新版本的类在最前面插入了一个新字段，那么原来字段的偏移量都要加 1（1 是形象表达的数字，并不是实际情况），但是用户的老版本已经编译好的代码却没有加 1，这个问题一旦出现，就非常难以查找。而方法编译之后会统一存在代码区，没有偏移量的问题。

❑ **优势四**：能轻松地进行各种逻辑扩展。例如，对 age 属性的更改，需要触发一系列其他操作。当 age>60 时，career 属性将设置为"retire"（即退休）。此时你在 Set 方法里面添加这些附加逻辑，就显得非常方便：

```
public void SetAge(int age) {
    this.age = age;
    if(age > 60)
        this.career = "retire";
}
```

这样实现时，逻辑绑定非常紧密，不会遗漏出错。它甚至可以在里面订阅触发的事件：

```
public void SetAge(int age) {
    this.age = age;
    if(ageChangedEvent != null)
        ageChangedEvent(age);
}
```

这里，Set 函数内部的事件触发可以实现一种非常重要的高级功能，它是数据实现双向绑定的基础。而数据双向绑定又是 MVVM 架构中由底层数据的变化来驱动上层界面的基础之一。

此外，它还可以扩展成计算属性，就是说 Get 方法并没有直接对应某个 private 属性值，而是通过其他属性值间接得到的：

```
public string GetArea() {
    return Width * Height;
}
```

这是对属性方法进行多样扩展的几个最主要的场景。

所以它的优势是通过多方面的对比一点一滴积累起来的。尤其是优势四还有一个非常重要的应用场景，我甚至将它归纳成了一个重要原则。

尽量暴露方法，不要暴露数据！数据好比是肉体，方法好比是盔甲。让肉体经受风吹雨打，总不如让盔甲承受安全。

这真的是很重要的设计思想，充分理解这一点，你对封装的理解将上一个台阶。

假如一个 person 数据对你很重要，你不想它被修改，那么使用一个简单的 public 属性 public Person person; 固然是不行的。

但初学者要注意一个常见的陷阱，仿照上面介绍的，去掉 Set 方法，只保留 Get 方法，如此简单的实现是无效的：

```
private Person person;
public Person GetPerson(){
    return self.person;
}
```

即使没有对应的 `void SetPerson(Person person)` 方法，用户拿到你的 `self.person` 引用之后，依然可以任意修改 `person` 里面的值：

```
// 用户调用如下
Person person = family.GetPerson();
person.SetAge(18);
```

`person` 数据达不到只读的目的，那么怎么办呢？

需要自己实现值传递，在 Get 方法里，先实现数据的备份，再把备份数据返回给用户：

```
public Person GetPerson() {
    Person person = self.person.DeepCopy(); // 深拷贝，自己根据情况实现具体逻辑
    return self.person;
}
```

此时，因为返回的 `person` 是个临时数据，此后无论怎么修改也没关系。

现在已是互联网时代，大部分数据服务的应用场景是服务器端把数据输出到远程客户机器。这个过程一定涉及数据序列化，这其实也是深拷贝的实现之一。这个场景下客户端的本地操作是修改不了服务端数据的，所以这个问题可能被很多人忽略。但是在同一台机器共享同一进程内存的两个模块中呢？这个问题是需要小心谨慎的。

看到这里，可能有人惊出一身冷汗：难道所有的不想被他人修改的引用类型的数据，都需要这么对外开放吗？哇，还深拷贝，这太麻烦了吧？是啊，毕竟时时刻刻深拷贝的代价很大，那么如何找到平衡点呢？

我的建议是：

❑ 如果服务主要针对于内部其他模块，可以直接暴露原始数据；
❑ 如果你们的代码是以通用模块的方式提供给对方，而对方是谁你完全不知道，如何调用你也完全不知道，此时需要很谨慎地去实现数据的只读性，或者仅仅提供备份数据。

下面打个比方说明一下。

❑ 如果你的钱是给老婆理财，那是可以的。假设这 3 个类 class A，B，C 都是你自己写的，且在同一个模块里面，这就是所谓的亲密关系。因为你自己写的代码，怎么去调用还是有把握的。
❑ 给兄弟姐妹理财，也能接受。比如，数据是提供给组内同事所负责的其他模块。
❑ 但是给陌生人理财，就不可理喻了。你直接把数据给陌生人，就好比把钱给陌生人去替你理财，人家不一定是干什么去了。对方一旦偷偷把钱花掉，就会产生 bug 了。

2.2.3 private——水下的冰川

private 是第二重要的级别。

private 数据没什么可说的，通过上面对 public 数据的讨论可以很清楚：private 才是存储数据的主流方式。

那么，private 方法呢？大家一般在什么场景下才会定义一个 private 方法呢？

我总结有以下三种。

☐ **场景一**。抽象出来的一些边边角角的小功能方法。本应该抽象出公共的 utility 方法的，但用处太少，还达不到通用的标准。例如：

```
private string GetCardString();
```

返回的是一个特定格式的字符串，别的类也不会用。

☐ **场景二**。纯粹就是好几处相同或相似的代码，为了缩减行数，硬把这几处代码替换为一个 private 函数。这种函数的特点是逻辑上并不足够完整，不能很好地对应一个完整的业务语义，是个半成品，还不具备完整的灵魂。

☐ **场景三**。可能一些 public 方法过于强大，业务上不想让外面知道这么多细节。于是把它隐藏成为 private 方法，而新增一些 public 方法来调用该 private 方法来提供它的子功能。

假如一个提供核能的函数 NuclearPower（具备造原子弹的能力）使用 public 方法，这就太危险了。此时可以把它屏蔽成 private 方法，我们再对外提供一个建造核发电站的 public 函数，里面调用的是 NuclearPower 函数的子功能：

```
public Power NuclearStation() {
    return NuclearPower(0);
}
private Power NuclearPower(int type) {  // 关键的系统函数，不想全部对外访问
    if(type == 0) {
        // 提供核电站功能
    }
    if(type == 1) {
        // 提供原子弹功能
    }
}
```

前两种应用场景下，private 方法就是 public 方法的小弟，甚至是佣人。public 方法不想干的脏活、累活，全扔给 private 方法来干。但第三种情况正好相反，这种 private 方法才是幕后执行者，public 方法只是针对 private 方法做适当调整。

最后介绍一下 private 方法和 public 方法之间的关系。它们有一种特殊的依附关系：**任何一个 private 方法是不能独立存在的，它必须依附至少一个 public 方法。也就是说，任何一个 private 方法一定可以通过某个 public 方法访问到！**你想一想，一个 **private** 方法本来

就不能被外部直接访问，倘若又没有被任何一个 public 方法直接或间接调用过，那它还有存在的意义吗？一定是一段被遗忘在黑暗角落里的代码。而这个特点也给单元测试的写法提供了理论支持：private 方法是 public 方法的延伸，所以在大部分情况下，单元测试只需要测试 public 方法，通过 public 方法顺便测试到 private 方法即可。

2.2.4　protected——内外兼修

如果一些公用的属性和方法，只为了内部实现而用，不作为外部标识，就可以考虑 protected 级别。

protected 等级是最特别的，使用频率也明显不如它的两个兄弟。

为什么说它特别呢？要知道，public、private 和 protected 这组关键字同时修饰着横竖两重关系：

- ❑ 横向的对外的访问级别；
- ❑ 纵向的对内的继承级别。

它们算是身兼数职。例如在 public string GetName()中，public 同时意味着：GetName 横向对外是可访问的，且纵向对内是可继承的。private 意味着横向访问和纵向继承都不可以。这两个都好记。

只有 protected 特殊：protected 横向对外是不可访问的，但纵向对内是可继承的。

不知道大家有没有思考过：同时修饰横竖两重关系，其实是不灵活的，如果横向和纵向的关系用两组关键字修饰，岂不更好？那我就可以定义对外可访问，对内却不可继承的方法了！

可是为什么众多语言构造者没有这么做呢？我也只能揣测原因了：

- ❑ 太烦琐；
- ❑ 意义不大。

太烦琐自然不用解释。而我认为意义不大的一个很重要的原因就是 protected 的出现。它是一个很好的平衡点。对外可访问，对内却不可继承的方法，实在没什么实际需求。反过来，对外不可访问，对内可继承的方法被 protected 实现了。于是横向和纵向的关系，由一组关键字表达基本能解决所有的实际问题。

虽然 protected 是处于 public 和 private 之间的，但更接近于 private，因为 public 和 private 横向对外访问级别的重要性远大于对子类纵向继承访问级别的重要性！我相信大家写代码定义 private 基本上都是因为不想让外面的类直接访问，很少因为防着不让子类继承而定义成 private 的！

所以，从某种程度上讲，protected 充其量是一个特殊的 private，是一个能被继承的 private 而已。

protected 有个特点值得讨论一番：被继承后，子类对父类的 protected 方法又可以定义为 public，例如：

```
class Person {
    protected void WatchMovie();
}
class Student : Person {
    public void WatchMovie(); // 这里重写了父类的方法，从此 WatchMovie() 对外可见
}
```

我不认为这是一个好的实现。我也想不出子类公然破坏了父类的封装，还能有什么冠冕堂皇的理由。社会中，我们既有法律的约束，也有道德的约束，程序世界也一样。上面的写法能满足编译器的法律约束，但不能满足封装的道德约束。

虽然被诟病，但毕竟受编译器"法律"保护，也不是绝对不能用，只要你有足够的"道德"理由。我就用过一次，使用场景如下。

在某个模块里，基类有一个方法做了不恰当的 protected 修饰，应该设计为 public。例如：

```
class Person {
    protected void WatchMovie(); // 根据业务需求，这里本应该为 public
}
```

可由于模块权限，我无权将它的代码直接修改为 public 级别，但能用子类把该方法撬开，重新开放为 public 级别：

```
class PersonEx : Person {
    public void WatchMovie() {
        // 将基类的 protected 方法偷梁换柱成为 public 方法了。在我的模块里，永远只使用 PersonEx 类
        super.WatchMovie();
    }
}
```

但这种场合仅仅用于已知的不恰当设计之上。子类虽然破坏了基类的封装，但基类不仁在前，就别怪子类不义在后。

2.2.5 封装总结

封装能让一对数据和方法有机地组合在一起，并为后来的继承和多态提供基础。

封装里一般都有严格的等级之分，但也有的语言不吃这一套，比如 Python 就没有 public、private 和 protected 这些等级区别。它的世界观是充分相信程序员们的认知，即使给你全部信息，你也不会胡来。而 private 和 protected 这些等级区分的主要目的是为了提防不靠谱的程序员。

两种世界观，孰优孰劣并不能轻易论断。但是这种思想确实给了我很大的震撼，让我认识到生活中哪怕觉得是天经地义的事情，它的存在其实也有可能没有想象的那么有理由。

2.3 继承——快速进化

生物界的进化是漫长的，比如古人类进化为尼安德特人以及我们的祖先智人。智人又产生了分叉，有欧洲人、亚洲人和非洲人等。周期是以 10 万年为单位而进化的。其实我们每一个人都具有祖先的能力，只是有的能力可能经过退化被隐藏了起来。

随着各种子类继承的叠加，程序也在不断进化，不同的是进化速度是飞快的。

继承在面向对象的技术中，是承上启下的一个环节。我们必须在封装的基础上才能实现继承；而只有实现了继承，才能进一步产生多态。

场景一：先基类，后子类

我们先看看继承最正统的使用场景，我们先构建一个"人"类：

```
class Person {
    public void Run();
}
```

紧接着，我们在 Person 类的基础上再构建一个"超人"类：

```
class SuperMan  : Person {
    private Energy energy;
    public void Fly();
}
```

Person 瞬间便进化成超人了。超人不但拥有人类的所有基本方法，还拥有自己独特的能力，实现了快速进化。

在实际工作中，像上面这样按部就班地先写基类紧接着写子类的情形，是最正统的场景。但大家实现继承，还有两个主要场景，请继续看场景二和场景三。

场景二：先子类，后基类

很多时候我们没想得那么远，当一个个子类构建后，才发现有优化的空间。而基类正是优化后的产物。假如我新建了两个类：

```
class UserModel {
    int id;
    string name;
    ......// 其他属性
}
class ProductionModel {
    int id;
    string name;
    ......// 其他属性
}
```

建完之后，发现这两个类以及其他的 Model 类都有 int id 和 string name 属性。那么，干脆抽出一个基类吧：

```
class BaseModel {
    int id;
    string name;
}
```

这样所有的 Model 类都省去了这两个字段的定义。继承的这种用法，主要是利用封装特性抽出了共性，简化了代码。BaseModel 只是装载通用代码的一个容器，在和外界的交流中，可能用到的并不多。

我曾经见到这么一个真实案例，所有的 Model 都继承自 BaseModel，但 BaseModel 里并没有任何公共属性，它里面空空如也：

```
class BaseModel {
}
```

那么，这是好设计吗？基类并没有办任何实事。对于这种没有干货的光杆司令，是不是可以去掉呢？

也不能一概而论。至少在这个场景下，我认为是有意义的。因为所有的 Model 子类都是同一属性的类，它们一般都被放在同一个命名空间和同一个目录里。但我们经常会遇到这样的需求：列出所有的 Model 类。你想通过搜寻该命名空间里的 Model 来汇总，但是不方便，何况有的语言没有命名空间的概念。你想通过类名的格式，满足以 "Model" 单词为后缀的类名就属于 Model，这未尝不是一个好办法，但它要求你对每一个类的命名都有约定，这种约定是不受编译器保护的。所以你会发现，弄个"光杆司令"上去还算是一种比较好的解决方法：只要判断是 BaseModel 的子类，就属于 Model。虽然它什么都不做，但是众 Model 均承认共同隶属于 BaseModel。这种共识本身也是有价值的，并且受编译器和运行时支持。

场景三：只有基类

大家知道，面向对象的编程有一个很大的优势，是让程序员可以自顶而下地开发。架构师可以先把世界的主要框架描述清楚，细枝末节慢慢来。这样的话，最先出现的是基类或抽象类，例如：

```
abstract class Animal {
    void Eat();
    void Run();
    void Breathe();
}
```

接下来，不会出现具体的子类，而是针对 Animal 进行一系列的情节发展。但我们知道，随着程序世界的发展，众多的动物子类一定会纷纷进化出来。

这就是"对抽象编程"，继承仅仅是实现对抽象编程的第一步。想让整个继承体系动起来，必须要依赖一项更重要的技术，也就是下一节要讲的：多态。

继承是一门承上启下的技术，它天然能做到节省公共代码的作用，但这仅是次要作用。它最主要的作用其实是为了实现多态。有关继承的内容还有很多，其中进阶内容可以详见第 7 章。

2.4　多态——抽象的基石

封装、继承和多态这三者并不是平等关系。多态是建立在封装和继承的基础之上的。如果没有封装和继承，就不会产生多态。如果没有多态，那么封装和继承（尤其是继承）将少了一半的意义。在实现上，封装和继承两者是编译器支持的，和运行时没关系；只有多态是编译器和运行时共同支持的。

那么，什么是多态？多态其实是很符合人类直观的一种技术，初学者第一感觉会认为它是理所当然的功能。例如：

```
Animal animal = new Tiger();
animal.Run(); // 效果是老虎在跑
animal = new Dog();
animal.Run(); // 效果是狗在跑
```

虽然是 Animal 的定义，但产生的效果是具体动物的跑动效果，就这么简单。这本是再正常不过的事情：我创建的是老虎，当然应该是老虎在跑啊。很多资料会大谈特谈多态的实现原理，面试题也经常考。我想其主要原因是在程序语言的历史发展中，为了绕过静态编译的局限性，为了实现这个正常不过的需求花了不少功夫。

每种语言对多态的实现原理是不太一样的，但基本属于同一个路数：**多一层地址查询**。招数基本都是在编译期间构建一张张映射表，运行期去查询这些映射表，才能访问到真正的函数地址。不过除了应付面试，我们无须过多地去思考多态的实现原理。因为它的使用本来就符合我们的思维，我们天生就会去用它。

那么多态重要吗？绝大部分的设计模式都基于多态，你说重要不重要？好吧，这是表象。多态如此重要的内在原因到底是什么？它给程序员带来了什么价值呢？

多态给程序员带来的最大价值是：让大家实现了梦寐以求的"面向抽象编程，面向接口编程"。这句话的分量有多重，就能看出多态的价值有多大。

那么，为什么说多态是抽象的基石呢？从刚才最原始的两行代码看并不明显：

```
Animal animal = new Tiger();
animal.Run();
```

可一旦通过参数化隔离：

```
void AnimalRun(Animal animal) {
    animal.Run(); // 此处在你编写函数的时候是完全不知道会有什么动物的，运行的时候才揭晓
}
```

此时多态的价值便显示出来了：它像一只看不见的手直接把基类和所有子类们动态联系起来。这可厉害了：表面上只是基类 Animal 参加跑步游戏，但实际上是所有的动物们都准备参加，只是最终由谁上场先不告诉你。如果没有多态，animal 不能动态映射到子类，那将是死水一潭。没有了多态，面向对象这座大厦就像停了电梯，很多东西都将随之瘫痪。

本章到此仅先简单描述一下多态的意义。而面向抽象编程和面向接口编程的相关内容，我会在第 3 章和第 9 章里详细介绍。

2.5   总结

封装和继承是静态描述，多态是动态描述。

封装和继承是构建多态的基础。

多态是面向抽象编程的基石。

整个知识链条是这样的：在"封装 + 继承"的基础上，才能实现多态。有了多态，才能真正意义上进行"面向抽象编程，面向接口编程"。

面向抽象编程——玩玩虚的更健康

3

"面向抽象编程,面向接口编程"这句话流传甚广,它像一面旗帜插在每个人前进的道路上,引导大家前行。每个程序员都免不了和抽象打交道,差距可能在于能否更好地提炼。

这句话包含两部分含义:**"面向抽象编程"** 本质上是对数据的抽象化,**"面向接口编程"** 本质上是对行为的抽象化。

由于书中第 9 章专门介绍接口,所以本章只谈数据的抽象化。

3.1 抽象最讨厌的敌人:`new`

因为直接讲什么是抽象不太好讲,容易描述的话那就不是抽象了,所以我们换个角度,先聊聊抽象的反面:什么是具体。在具体里,有个先锋人物,就是我们都熟悉的 new。大家知道,new 是最简单和最常见的关键字,用来创建对象。但被创建出来的一定是具体的对象,所以 new 代表着具体,它是抽象最讨厌的敌人。

大家要有这种敏感:什么时机创建对象,在哪里创建,是很有讲究的。为了阐述这个话题,我们先看下面这行代码:

```
Animal animal = new Tiger(); // Animal 是抽象类
```

我曾经对这句简单的赋值语句思考很久:左边抽象,右边具体,感觉不对等,这样写好不好?答案不简单啊。

接下来,我们分成两个方向细细讨论。

假设一:如果它是某个类的成员变量的定义。例如:

```
private Animal animal = new Tiger();
```

先下结论:如果类里其他地方没有对 animal 这个变量的赋值操作,此后再没有更改它的逻辑了,那么它基本不是好写法(有少许例外,后面会讲)。那么,什么是好写法?

哈,这里先卖个关子。

这里需要注意的是，我们讨论的是左边是抽象，右边是具体的 new。如果 new 的两边是平级概念的类，例如：

```
Tiger tiger = new Tiger();
```

它左右两边没有抽象之分，那么不在本章讨论范围之内。

假设二：如果它是某个函数内部的变量定义语句。示例如下：

```
void Show() {
Animal animal = new Tiger();
    ...... // 出场前的准备活动
    ShowAnimal(animal);
}
```

我曾经疑惑：为何不直接定义成子类类型？就这样写：

```
Tiger tiger = new Tiger();
```

根据继承原理，子类能调用抽象类的方法。所以也不会影响接下来的函数调用。例如：所有的 animal.Eat 替换为 tiger.Eat 一定成立。

同时根据里氏替换原则，但凡出现 animal 的地方，都可以把 tiger 代替进去，所以也不会影响我的参数传递。例如：ShowAnimal(animal) 替换为 ShowAnimal(tiger) 也一定成立。

可一旦把 Tiger 类型上溯转为抽象的 Animal 类型，那么 Tiger 自身的特殊能力（例如 Hunt）在"出场前的准备活动"那部分就用不了，例如：

```
tiger.Hunt(); // 老虎进行狩猎
animal.Hunt(); // 不能通过编译
```

也就是说，Animal animal = new Tiger();里 Animal 的抽象定义，只有限制我自由的作用，而没有带来任何实质的好处！这种写法不是很糟糕吗？

你会有一天顿悟：**这种对自由的限制，恰恰是最珍贵的！**大部分时候，我们缺的不是自由，而是自律。任何人的自由，都不能以损害别人的利益为代价。

ShowAnimal(animal);之前的那段"出场前的准备活动"代码，将来很有可能是别人来维护的。在架构设计上，一定要考虑"时间"这个变量带来的不确定性。如果你定义成：

```
Tiger tiger = new Tiger();
```

这看起来更灵活，但你没法阻止这只老虎被别人将来使用 Hunt 函数滥杀无辜。

一旦定义为：

```
Animal animal = new Tiger();
```

那么，这只老虎将会是一只温顺的老虎，只遵循普通的动物准则。

所以如果"出场前的准备活动"这部分的业务需求里只用到 Animal 的基本功能函数，那么：

```
Animal animal = new Tiger();
```

要优于

```
Tiger tiger = new Tiger();
```

好了，等号左边的抽象问题解决了，但等号右边的 new 呢？这个场景里，Animal animal = new Tiger();是函数的局部变量，也没有传导到全局变量中。到目前为止，这个 new 是完全可以接受的。**面向抽象，是要在关键且合适的地方去抽象，如果处处都抽象，代价会非常大，得不偿失。**如果满分是 100 分的话，目前能得 95 分，已经很好了，这也是我们大多数时候的写法。

但你还是要知道：一旦接受了这个 new，好比是和魔鬼做了契约，会付出潜在代价的。此处的代价是这段代码不能再升级成框架性的抽象代码了。想要完美得到 100 分，则需要消灭这个 new，怎么办呢？

3.2　消灭 **new** 的两件武器

前一节站在理论高度"批判"了 new，其实并不是说 new 真的不好，而是说很多人会滥用。就好比火是人类文明的起源，好东西，但是滥用就会造成火灾。把火源限定在特定工具才能点火，隔离开，用起来才安全。new 其实也一样，本节讲的本质上不是消灭 new，而是隔离 new 的两件武器。

3.2.1　控制反转——脏活让别人去干

还记得前面卖的关子吗？如果 animal 是类成员变量：

```
private Animal animal = new Tiger();
```

这并不是好写法，那么什么是好写法呢？这种情况下，比较简单的是对它进行参数化改造：

```
void setAnimal(Animal animal) {
    this.animal = animal;
}
```

然后让客户去调用注入：

```
Tiger tiger = new Tiger();
obj.setAnimal(tiger);
```

有了上面的注入代码，private Animal animal = new Tiger();这句话反而变得可以接受了。因为等号右边的 Tiger 仅仅是默认值，默认值当然是具体的。

上面的参数化改造手法，我们可以称为"依赖注入"，其核心思想是：不要调我，我会去调你！依赖注入分为属性注入、构造函数注入和普通函数注入。很明显，上面的例子是属性注入。依赖注入和标题的"控制反转"还不能完全划等号。确切地说，"依赖注入"是实现"控制反转"的方式之一。有关"控制反转"的更详细内容，详见第 5 章。

这种干脆把创建对象的任务甩手不干的事情，反而是个好写法，境界高！这样，你不知不觉把自己的代码完全变成了只负责数据流转的框架性代码，具备了通用性。

在通往架构师的道路上，你要培养出一种感觉：要创建一个跨作用域的实体对象（不是值对象）是一件很谨慎的事情（越接触大型项目，你对这点的体会就越深），不要随便创建。最好不要自己创建，让别人去创建，传给你去调用。那么问题来了：都不愿意去创建，谁去创建？这个丢手绢的游戏最终到底要丢给谁呢？

先把问题揣着，我们接着往下看。

3.2.2   工厂模式——抽象的基础设施

我们回到这段 Show 代码：

```
void Show() {
    Animal animal = new Tiger(); // 上面说过，这里的 new 目前是可以接受的
    ...... // 出场前的准备活动
    ShowAnimal(animal);
}
```

但如果 Show 方法里创建动物的需求变得复杂，new 会变得猖狂起来：

```
void Show(string name) {
    Animal animal;
    if(name == "Tiger")
        animal = new Tiger();
    else if(name == "Lion")
        animal = new Lion();
    ...... // 其他种类
    ShowAnimal(animal);
}
```

此时将变得不可接受了。对付这么多同质的 new（都是创建 Animal），一般会将它们封装进专门生产 animal 的工厂里：

```
Animal ProvideAnimal(string name) {
    Animal animal;
    if(name == "Tiger")
        animal = new Tiger();
    else if(name == "Lion")
        animal = new Lion();
    ...... // 其他种类
}
```

进而优化了 Show 代码：

```
void Show(string name) {
    Animal animal = ProvideAnimal(name); // 等号两边都是同级别的抽象，这下彻底舒服了
    ShowAnimal(animal);
}
```

因此，依赖注入和工厂模式是消灭 new 的两种武器。此外，它们也经常结合使用。

上面的 ProvideAnimal 函数采用的是简单工厂模式。由于工厂模式是每个人都会遇到的基本设计模式，所以这里会对它进行更深入的阐述，让大家能更深入地理解它。工厂模式严格说来

有简单工厂模式和抽象工厂模式之分，但真正算得上设计模式的，是抽象工厂模式。简单工厂模式仅仅是比较自然的简单封装，有点配不上一种设计模式的称呼。因此，很多教科书会大篇幅地介绍抽象工厂，而有意无意地忽略了简单工厂。但实际情况正好相反，抽象工厂大部分人一辈子都用不上一次（它的出现要依赖于对多个相关类族创建对象的复杂需求场景），而简单工厂几乎每个人都用得上。

和一般的设计模式不一样，有些设计模式的代码结构哪怕你已经烂熟于心，却依然很难想象它们的具体使用场景。工厂模式是面向抽象编程，数据的创建需求变复杂之后很自然的产物，很多人都能无师自通地去使用它。将面向抽象编程坚持到底，会自然地把创建对象的任务外包出去，丢给专门的工厂去创建。

可见，工厂模式在整个可扩展的架构中扮演的不是先锋队角色，而是强有力的支持"面向抽象编程"的基础设施之一。

最后调侃一下，我面试候选人的时候，很喜欢问他们一个问题："你最常用的设计模式有哪些？"

排第一的是"单例模式"，而"工厂模式"是当之无愧的第二名，排第三的是"观察者模式"。这侧面说明这三种模式应该是广大程序员最容易用到的设计模式。大家学习设计模式时，首先应该仔细研究这三种模式及其变种。在其他章节中，还会详细介绍另外两种模式。

3.2.3 `new` 去哪里了呢

这里回到最开始也是最关键的问题：如果大家都不去创建，那么谁去创建呢？把脏活丢给别人，那别人是谁呢？下面我们从两个方面阐述。

□ **局部变量**。局部变量是指在函数内部生产又在函数内部消失的变量，外部并不知晓它的存在。在函数内部创建它们就好，这也是我们遇到的大多数情况。例如：

```
void Show() {
    Animal animal = new Tiger();
    ...... // 出场前的准备活动
    ShowAnimal(animal);
}
```

前面说过，这段代码里的 new 能得 95 分，没有问题。

□ **跨作用域变量**。对这类对象的创建，总是要小心一些的。

  ■ 如果是零散的创建，就让各个客户端自己去创建。这里的客户端是泛指的概念，不是服务器对应的客户端。凡是调用核心模块的发起方，均属于客户端。每个客户端是知道自身具体细节的，在它内部创建无可厚非。

  ■ 如果写的是框架性代码，是基于总体规则的创建，那就在核心模块里采用专门的工厂去创建。

3.3   抽象到什么程度

前面说过，完全具体肯定不行，缺乏弹性。但紧接着另一个问题来了：越抽象就越好吗？不见得。我们对抽象的态度没必要过分崇拜，本节就专门讨论一下抽象和具体之间如何平衡。

比如 Java 语言，根上的 `Object` 类最抽象了，但 `Object` 定义满天飞显然不是我们想要的，例如：

```
Object obj = new Tiger();
```

那样你会被迫不停地进行下溯转换：

```
Animal animal = (Animal)obj;
```

所以不是越抽象越好。抽象是有等级之分的，要抽象到什么程度呢？有一句描述美女魔鬼身材的语句是"该瘦的地方瘦，该肥的地方肥"。那么，这句话可改编一下，即可成为抽象编程的原则，即"该实的地方实，该虚的地方虚"。也就是说，**抽象和具体之间一定有个平衡点，这个平衡点正是应该时刻存在程序员大脑里的一件东西：用户需求！**

你需要做的是精确把握用户需求，提供给用户的是满足用户需求的最根上的那层数据。什么意思呢？本节通过下面这个例子详细阐述。

村里的家家户户都要提供一种动物去参加跑步比赛，于是每家都要实现一个 `ProvideAnimal` 函数。你家里今年养了一只老虎，老虎属于猫科。三层继承关系如下：

```
public abstract class Animal {
    public void Run();
}
public class Cat : Animal {
    public int Jump();
}
public class Tiger : Cat {
    public void Hunt(Animal animal);
}
```

现在有个问题：`ProvideAnimal` 函数的返回类型定义为什么好呢？`Animal`、`Cat` 还是 `Tiger`？这就要看用户需求了。

如果此时是举行跑步比赛，那么只需要你的动物有跑步能力即可，此时返回 `Animal` 类型是最好的：

```
public Animal ProvideAnimal() {
    return new Tiger();
}
```

如果要举办跳高比赛，是 `Cat` 层级才有的功能，那么返回 `Cat` 类型是最好的：

```
public Cat ProvideAnimal() {
    return new Tiger();
}
```

切记，你返回的类型，是客户需求对应的最根上的那个类型节点。这是双赢！

如果函数返回值是最底下的 `Tiger` 子类型：

```
public Tiger ProvideAnimal() {
    return new Tiger();
}
```

这会带来如下两个潜在的问题。

问题 1：给别人造成滥用的可能

这给了组织者额外的杂乱信息。本来呢，对于跑步比赛，每一个参赛者只有一个 `Run` 函数便清晰明了，但在老虎身上，有 `Run` 的同时，还附带了跳高 `Jump` 和捕猎 `Hunt` 的功能。这样组织者需要思考一下到底应该用哪个功能。所以提供太多无用功能，反而给别人造成了困扰。

同时也给了组织者犯错误的机会。万一，他一旦好奇，或者错误操作，比赛时调用了 `Hunt` 方法，那这只老虎就不是去参加跑步比赛，而是追捕别的小动物吃了。

问题 2：丧失了解耦子对象的机会

一旦对方在等号两边傻傻地按照你的子类型去定义，例如：

```
Tiger tiger = ProvideAnimal();
```

从此组织者就指名道姓地要你家的老虎了。如果比赛当天，你的老虎生病了，你本可以换一头猎豹去参加比赛，但因为别人预定了看你家的老虎，所以非去不可。结果便丧失了宝贵的解耦机会。

如果是 `Animal` 类型，那么你并不知道是哪一种动物会出现，但你知道它一定会动起来，跑成什么样子，你并不知道。这样的交流，是比较高级的交流。绘画艺术上有个高级术语叫"留白"，咱们编程玩"抽象"也算是"留白"。我先保留一些东西，一开始没必要先确定的细节就不先确定了。那这个"留白"留多少呢？根据用户需求而定！

3.4 总结

多态这门特技，成就了人们大量采用抽象去沟通，用接口去沟通。而抽象也不负众望地让沟通变得更加简洁、高效；抽象也让相互间依赖更少，架构更灵活。

参数化和工厂模式是消灭或隔离 new 的两种武器。

用户需求是决定抽象到何种程度的决定因素。

第 4 章

耦合其实无处不在

每当评论代码的时候，我们经常听到这有耦合啊，那要解耦啊，耳朵都听出茧子了。可真被问到什么是耦合时，可能就愣住了。也难怪，这确实不太容易理解。

很多时候对某样东西理解困难，常常是因为对概念没有理解。如果给耦合下个通俗一点的定义，我认为可以是耦合代表各种元素之间的依赖性和相关性。而且耦合在代码里无处不在。

4.1 耦合的种类

耦合的种类一直很少被人谈及。本书站在数据和代码的角度进行总结，它共有三大类。

4.1.1 数据之间的耦合

这个最简单。假如在 Person 类里有两个成员变量，例如：

```
class Person {
    string name;
    int age;
}
```

其中 name 和 age 被框在了同一个类里面，它们就产生了耦合：当你访问 person.name 时，就知道隔壁一定还有一个 person.age 数据。

4.1.2 函数之间的耦合

同理，如果两个函数处于同一个类中，它们也会有相关性，例如：

```
class Person {
    public string GetName();
    public int GetAge();
}
```

其中 person.GetName 和 person.GetAge 这两个功能一定是同时存在的。

如果两个函数之间有调用，即使不在同一个类，也肯定有耦合，例如：

```
public DriveCar() {
    if(isFuelEmpty())
        station.FillFuel(this.car); // 没有油，则先加油
    Drive();
}
```

那么，DriveCar 函数就和 FillFuel 函数产生了耦合。如果 FillFuel 函数出错，也会导致 DriveCar 函数出错。

4.1.3 数据和函数之间的耦合

数据和函数之间的耦合形式及其变种是最复杂的，这里列举几个案例。

案例 1

我们常见的控制型代码：

```
if(person.isEligible)
    company.Hire(person);
else
    company.Reject(person);
```

那么，到底是执行 Hire 还是执行 Reject 呢？具体的执行流程还是取决于 person.isEligible 这个 bool 类型的数据。

案例 2

这里给出一个再形象点的例子：

```
if(Jump(you))
    Jump(me);
```

你跳我就跳，你不跳我也不跳。我的行为紧紧耦合在你的行为之上。

案例 3

这里给出一个隐藏更深的例子：

```
PowerOn();
...... // 其他步骤
PlayMusic();
```

总之，业务需求是在执行 PlayMusic 之前，必须要先执行一遍 PowerOn 函数。表面上是 PlayMusic 对 PowerOn 有依赖性，是函数之间的耦合，但背后的原因是：

```
// PowerOn 函数让播放器处于通电状态
PowerOn(){
    this.isPowerOn = true;
}
// 只有通了电，播放器才能正常播放音乐
PlayMusic(){
    if(this.isPowOn)
        Play();
}
```

这两个函数是通过 `this.isPowerOn` 这个数据进行沟通的。这本质上还是数据和函数之间的耦合。

4.1.4   耦合种类的总结

上面针对每一种耦合形式仅仅举了一个例子，这其实是不够的。耦合的形式多种多样，更有复合型的耦合。其他章节会陆续介绍很多耦合的例子。

从复杂程度而言，三种耦合的复杂度是依次递增的：

❑ 数据之间的耦合较简单；
❑ 函数之间的耦合较复杂；
❑ 数据和函数之间的耦合最多变、最复杂。

4.2   耦合中既有敌人也有朋友

可能我们平时过于强调解耦，所以很多人误以为耦合是个贬义词，都是不好的。这里要着重澄清一下：**其实大部分的耦合是业务逻辑的要求，是为了满足正当的需求所产生的。**这样的耦合正是我们所需要的。4.1 节介绍的所有的耦合，都是反映业务需求的。现实中，还有很多耦合是系统或者底层模块的限制所致，例如：

```
if(iOSVersion >= VERSION_IOS9) // 只有 iOS 9 或之后的系统才支持 3D Touch
    Call3DTouchFunction();
```

这种耦合虽然不是用户的需求，但也是合理的。我们必须通过代码反映出来。

不是每一种耦合都是有害的，区分耦合的敌我关系非常重要。对耦合要一分为二地看：世界上既有好耦合，也有坏耦合。

❑ **好耦合**：很多耦合对应着业务需求或者系统限制，这种耦合是合理的，我们将其称为"好耦合"。对于好耦合，我们有时还要强化它们：将隐式的变成显式的，将松散的变成内聚的。实际上，在我们的代码中，绝大部分耦合都是好耦合，是朋友。
❑ **坏耦合**：对于那些考虑不足或缺乏经验造成的预料之外的耦合，我们称为"坏耦合"，是敌人，要尽量剔除。

这里介绍两个很具代表性的、针对好耦合强化元素之间关联的例子。

1. 招法一：不要吝啬颁发"结婚证"

在界面上的不同位置要显示多种不同的图形，如三角形、正方形等，这里所有的信息浓缩在下面两个数组里。

❑ 一个是 shape 数组：{"三角形", "正方形", "长方形", "菱形"}。
❑ 一个是 position 数组：{point1, point2, point3, point4}。

两个数组的元素个数是一样多的，它们是一对一的关系。比如，第一个 position 就是第一个 shape 的位置信息。那么代码如下：

```
for(int i = 0; i <count; i++){
    Draw(shape[i], position[i]);
}
```

这样做方便但不好！它会为以后的修改埋藏隐患。因为两个数组元素之间的对应关系，并没有得到正式承认。这好比是两个人在一起生活（没有领结婚证），就以为结婚了，但其实是不会受到法律保护的。一旦在某个数组中插入或删除一条数据，就会轻易导致两个数组的对应关系彻底乱套。那么如何让它们变成强关联，好比颁发结婚证一样呢？

可以封装到散列表里，其中每个 key 代表 shape 类型，value 就是 position 信息。这样它们之间的对应关系就彻底绑定了，例如：

```
Dictionary dic = { "三角形": point1,
                   "正方形": point2,
                   "长方形": point3,
                   "菱形": point4  };
// Draw()函数再也不用担心会画错了
foreach(var item in dic){
    Draw(item.key, item.value);
}
```

这个例子是将隐式的对应关系变成了显式的对应关系，强化了耦合。就像之前是隐婚，现在光明正大地结婚了。

2. 招法二：七个葫芦娃合成一个金刚娃

实例如下：在每个界面中都有一个按钮，其大小一样，长度和高度分别是 25 像素和 16 像素。

很多人初始这样写：将 25 和 16 这两个数据放在第一个页面中，然后顺势复制到每个页面中。于是每个页面都有 25 和 16 这两个常量。

这是不好的！显然按钮的大小可能会经常调整，一旦修改，需要修改所有页面的 25。

大家要切记：数据之间若存在相关性，一定要有体现！ 应该定义两个全局变量，代替所有页面里的相关数字。这个变量就是合并后的金刚娃：

```
static readonly int width = 25;
static readonly int height = 16;
```

width 替换所有的 25，height 替换所有的 16，而且这两个全局变量本身会透露出一条隐含业务需求：所有页面的按钮大小是一致的，而这个值就是我。此外，我能很方便地控制所有的按钮大小，一旦需要修改，改一处即可。而常量 25 和 16 再多都不能表达这个信息，它们的力量是分散的。

如果数据丢失了必要的相关性，后期的维护也容易出 bug。

这个例子是将松散的联系变成了内聚的联系。

3. 招法总结

对待耦合，我们不能光谈解耦。其实强化耦合，让它们高内聚，也是优化耦合的主要任务之一。

大部分耦合其实是我们需要的，耦合并不是贬义词。如果你不能接受，可以用好听点的名称代替：相关性。它们本质上是一样的。

4.3　坏耦合的原因

我们不需要的、不应该存在的耦合，或者说不灵活、不能面向将来变化的耦合，都是怎么来的呢？这里列举几种造成错误耦合的最主要的原因。

4.3.1　刻舟求剑

我们在小学课本里曾学过"刻舟求剑"的故事，不理解一个人怎么会这么傻。其实这样的傻事，有些程序员每天都在上演。

案例 1

假如你每天起床依赖于自家闹钟，这样做很合适。但如果有人早起是依赖于邻居每天早上唱歌，而且是在没有告知邻居的情况下，就匪夷所思了。相关代码如下：

```
if(HearSound())
    WakeUp();
// 但没想到其中 HearSound 获取的声源不是自家闹钟，而是邻居唱歌
bool HearSound() {
    if(neighbour.IsSonging())
        return true;
    return false;
}
```

因为邻居的行为是不受你控制的，一旦他不唱了，你就睡过头了。

案例 2

先后执行存钱和取钱的操作，相关代码如下：

```
void SaveMoney(float money); // 步骤一
void WithdrawMoney(float money); // 步骤二
```

如果有假币出现，那么存钱函数 SaveMoney 就提前处理了，并不会存进去。但这导致取钱函数 WithdrawMoney 从来没有遇到过假钱，而它并没有处理假钱的能力，也一直没被发现！一旦业务允许先透支取钱，那么 WithdrawMoney 函数很可能把假币给用户。根本原因就是长久以来，WithdrawMoney 函数一直依赖于 SaveMoney 函数去处理假币。一旦失去了这个保护伞，它自己的逻辑缺陷便暴露出来了。

这个例子具有普遍性。在航天事故中有个理论：任何一个大事故的产生，背后都有 300 个小

事故，而每个小事故背后，又有若干事故。当所有的小事故凑巧同时打开的时候，大事故就来了。

所以每个依赖邻居的行为，都无意识地制造了一个小事故，这种事故的特点是它并不容易一次性地测试出来，它像有些病毒一样，发作是有潜伏期的。它的个体危害不算大，但整个身体充满了这种小病毒，那么身体迟早要被击垮。

要解决这类耦合，有一个非常行之有效的方法：**单元测试**。虽然这种耦合表面上不是 bug，因为业务暂时都能通过，但通过单元测试，很容易发现这里存在潜在的 bug。在第 16 章中，我们会详细介绍单元测试。

4.3.2 "谈恋爱"是个危险的行为

如果有两个数据，你中有我，我中有你，形成双向依赖，这种"谈恋爱"的方式是危险的，因为一方要分手，会给另一方造成麻烦。而暗恋是美好的，他只是默默注视着，却从不打扰你，一旦遇到了变更，也能轻易地更换注视目标。"轻轻的我走了，正如我轻轻的来"，你也从来没有感受到变化，自然就不会有困扰。举例：

```
class StudentModel {
    StudentController controller; // 需要主动去通知 controller，内部发生的某些变化
    public string name;
    public int age;
}

class StudentController {
    StudentModel model;
}
```

这里的 `StudentModel` 和 `StudentController` 本来属于 MVC 架构里不同层级的对象，它们形成的双向依赖，纠缠在一起，很难分手。它们耦合在一起，对适应将来的变化是不利的。而理论上，model 层并不应该知道 controller 的具体细节。

那么，如何将它们转为单相思呢？具体的解耦手法在第 9 章里有实际案例，这里先不做介绍了。

4.3.3 侵占公共资源

假如一个公共变量，你错误地修改了它，则直接影响到所有使用它的人。这种耦合导致的错误可能是非常可怕的。

我们熟知的多线程编程其实就是最典型的"影响公共资源"的耦合场景。多线程编程为什么那么难？本质上它是耦合复杂度的最极端体现。比如死锁，那等于耦合到了极致，完全成了一团乱麻，无法剥开了。

对付这种耦合，我们需要尽量做到公共资源是不可变的，或者操作它的途径非常有限、可控。

4.3.4　需求变化——防不胜防

前几种坏耦合都属于在同一时间线发生的结构性耦合，接下来介绍的耦合属于另外一种情况，是跨越不同时间线产生的耦合，也就是需求发生了变化而导致的坏耦合。

我们说每一个好耦合都对应真实的需求，但如果需求本身改变了，那么好耦合也就变成了坏耦合。但"需求变化"的含义太大了，可以分为很多种类。

有的是硬性的需求变化。比如，你开发好了一个"五子棋"游戏，结果老板告诉你"五子棋"大家不太喜欢，还是改成"围棋"吧，此时和"五子棋"相关的代码都要改。

有的是软性的需求变化，它所带来的影响可能更多是我们自身缺乏远见造成的。比如，全世界有很多大城市的老城区，你会发现那里的街道太窄，小区也没有足够的停车位。因为人们没有预料到十几年后这里居然人会这么多，车会这么多，而拆除重建的代价是巨大的。

这种情况是很普遍的，造成这点的现实原因有很多：比如很多时候，写第一遍的代码，往往迫于项目进度的压力，先做个简陋版本，拿到第一期经费再说。随后重构的话也能承担，因为程序员知道：我们比建筑工人幸运，软件的重构成本要比拆房重建低多了。

重构的目标应该是：**重构后，能一次性解决可预见的问题，即对某一个具体需求的重构有足够的远见**。如果你对一个停车场扩容，没两年，停车场又饱和了，这是很不好的。

我们要一边迭代开发，一边重构。重构也算是迭代开发的任务，因为随着项目体积越来越大，我们也需要更好的架构支撑自己。否则，积重难返，大厦很难继续往上累加。**一般项目在迭代开发的时候，有两分精力是放在用户看不到的内部优化中，八分精力放在新需求的开发上，这样整个产品的质量在持续迭代中才能有很好的保障**。

4.4　解耦的原则

每一个模块好比大海里的一座孤岛，需要桥梁和其他孤岛连接，那么通过多少桥梁相连呢？只要有需求对应，那么建立多少桥梁都没有问题。但我们经常会无意地建立很多埋在水面之下的隐形桥梁，并没有与之对应的需求，这是坏耦合。如何破除这些隐形桥梁，强化模块间的连接，请看接下来介绍的两个解耦原则。

4.4.1　让模块逻辑独立而完整

我们做人要求人格独立而完整，代码也一样，**尽量让每个模块的逻辑独立而完整**。解耦的根本目的是拆除元素之间不必要的联系，一个核心原则就是让每个模块的逻辑独立而完整。这里有两个含义。

- ❑ 对内有完整的逻辑，而所依赖的外部资源尽可能是不变量。
- ❑ 对外体现的特性也是"不变量"（或者尽可能做到不变量），让别人可以放心地依赖我。

充分做到了这一点，元素间很多不必要的联系会自然消失。如何做到独立而完整，这个话题实在是太大了，而且手段很多，并没有一个特别标准的流程。本节中，我们只研究一种最容易上手的方法——如何让单个函数的逻辑独立而完整。

有的函数光明磊落，它和外界数据的沟通仅限于函数的参数和返回值，那么这种函数给人的感觉可以用两个字形容：靠谱。它把自己所需要的数据都明确标识在参数列表里，把自己能提供的全集中在返回值里。如果你需要的某项数据不在参数里，你就会依赖上别人，因为你多半需要指名道姓地标明某个第三方来特供；同理，如果你提供的数据不全在返回值和参数里，别人会依赖上你。

有的函数让人觉得神秘莫测，规律难寻：它所需要的数据不全部体现在参数列表里，有的隐藏在函数内部，这种不可靠的变量行为很难预测；它的产出也不集中在返回值，而可能是修改了藏在某个不起眼角落里的资源。这样的函数需要人们在使用过程中和它不断地磨合，才能掌握它的特性。

前者使用起来放心，而且是可移植、可复用的，后者使用时需要小心翼翼，而且很难移植。

下面看两个案例是如何做到逻辑独立而完整的。

案例 1

在每个数据库操作函数中，都有一对 `db.open` 和 `db.close` 语句。例如 `updatePersons` 函数的代码如下：

```
void updatePersons(Array persons) {
    // sharedDB 是个全局变量
    sharedDB.open();
    foreach(Person person in persons) {
        update(person); // update 函数中，并没有 db 的 open 和 close 语句
    }
    sharedDB.close();
}
```

可是在 `update` 函数里面也有数据库的操作，却无须 `sharedDB` 的 `open` 和 `close` 语句。这是因为 `update` 是在 `updatePersons` 函数中调用的，而 `sharedDB` 在 `updatePersons` 函数中已经被打开了，也将在 `updatePersons` 函数中关闭，所以 `update` 的实现为：

```
void update(Person person) {
string sql = person.GenerateInsertSQL();
sharedDB.ExecuteSQL(sql);
}
```

如果 `update(Person person)` 是一个 `private` 函数，这没有太大不妥。如果 `update` 是一个 `public` 函数，那么如此实现是不合格的：很明显，它里面并没有打开数据库的操作，所以它的 `ExecuteSQL` 语句依赖于 "`sharedDB` 处于 `opened` 状态" 这个条件。但这个约束是隐形的，用户并没有得到有效的提示。如何解决或优化这个问题呢？我们不妨将数据库资源参数化：

```
void update(Person person, DBConnection openedDB) {
    string sql = person.GenerateInsertSQL();
    openedDB.ExecuteSQL(sql);
}
```

之后对 update 的调用变成了：

```
foreach(Person person in persons) {
    update(person, sharedDB);
}
```

这样做的好处如下。

- ❏ 多了一个 DBConnection 类型的参数，逼迫别人要传进来一个数据库连接变量。
- ❏ 参数名 openedDB 已经明确指明了该 DB 的特性，能给用户有效的提示：传进来的需要是已经处于 open 状态的数据库连接。

从此，update(Person person, DBConnection openedDB) 函数已经无须调用者专门关注它被使用的前提隐含条件，因为它自身的对外信息描述得足够清楚了。一旦具备了这个特征，它就初步具备了可移植性。

所以，**当程序员对一个类或一个方法的使用需要额外的记忆时，这不是好代码。我们要尽可能地让代码远离那些隐含的前提条件。这样程序员在使用的时候，才不会觉得处处是坑。**

案例 2

这个案例稍微长一些，但并不难，所以请耐心地一步一步跟着我的节奏去看。例如，一个人要读书：

```
Person person = new Person();
person.ReadBook(book);
```

ReadBook 函数里的逻辑如下：

```
void ReadBook(Book book) {
    // 要求人看书之前要先戴眼镜，所以第一步必须是戴眼镜的动作
    WearGlasses(this.MyGlasses); // Person 类里有一个名为 MyClasses 的 property
    Read(book);
}
```

如果这个人没有眼镜，即 this.MyGlasses 变量为 null，直接调用 person.ReadBook(book); 会出现异常，怎么办呢？

● 优化一：通过属性注入

于是打个补丁逻辑吧，在 ReadBook 之前先给他配副眼镜：

```
person.MyGlasses = new Glasses(); // 先为 person 配副眼镜
person.ReadBook(book);
```

如上，加上了 person.MyGlasses = new Glasses(); 这行代码（别看它简单，人家也有专业叫法，叫作属性注入），这个 bug 就解决了。可解决得不够完美，因为这要求每个程序员都需要记住调用 person.ReadBook(book) 之前，先进行属性注入：

```
person.MyGlasses = new Glasses();
```

这很容易出问题。因为 ReadBook 是一个 public 函数，使用上不应该有隐式的限定条件。

如今，"看书"依赖于"眼镜"的存在是个刚性的业务需求，所以这个耦合是没办法消除的。我们能做的是要减轻程序员的记忆负担，无须强行记住"每次调用 ReadBook(book)，还必须先初始化 person.MyGlasses"这么一个坑。

这种问题相信每个人都遇到过，如何优化呢？

● **优化二：通过构造函数的注入**

我们可以为 Person 的构造函数添加一个 glasses 参数：

```
public Person(Glasses glasses) {
    this.MyGlasses = glasses;
}
```

这样，每当程序员去创建一个 Person 的时候，都会被逼着去创建一个 Glasses 对象。程序员再也不用记忆一些额外需求了。这样逻辑便实现了初步的自我完善。

当 Person 类创建得多了，会发现构造函数的注入会带来如下问题：因为 Person 中的很多其他函数行为，如吃饭、跑步等，其实并不需要眼镜，而喜欢读书的人毕竟是少数，所以 person.ReadBook(book);这句代码的调用次数少得可怜。为了一个偏僻的 ReadBook 函数，就要让每个 Person 都必须配一副眼镜（无论他读不读书），这不公平。也对，**我们应该让各自的需求各自解决**。

那么，还有更好的方法吗？下面介绍的"优化三"进一步解决了这个问题。

● **优化三：通过普通成员函数的注入**

于是可以进行下一步修改：恢复为最初的无参构造函数，并单独为 ReadBook 函数添加一个 glasses 参数：

```
void ReadBook(Book book, Glasses glasses) {
    WearGlasses(glasses);
    Read(book);
}
```

对该函数的调用如下：

```
person.ReadBook(book, new Glasses());
```

这样只有需要读书的人，才会被配一副眼镜了，实现了资源的精确分配。

可是呢，现在每次读书时都需要配一副新眼镜：new Glasses()，还是太浪费了，其实只需要一副就够了。

● **优化四：封装注入**

好吧，每次取自己之前的眼镜最符合现实需求：

```
person.ReadBook(book, person.MyGlasses);
```

这又回到了最初的问题：person.MyGlasses 参数可能为空，怎么办？

干脆让 person.MyGlasses 封装的 get 函数自己去解决这个逻辑吧:

```
public Glasses MyGlasses {
    get{
        if(this.myGlasses == null)
        this.myGlasses = new Glassess();
        return this.myGlasses;
    }
}

// 然后退回到最初的 ReadBook 代码。ReadBook 里的逻辑是: 默认取自己的眼镜
void ReadBook(Book book) {
    WearGlasses(this.MyGlasses);
    Read(book);
}
```

对 ReadBook 函数的调用如下:

```
person.ReadBook(book);
```

这样每次读书时, 就会复用同一副眼镜了, 也不会影响 person 的其他函数。

嗯, 大功告成了。最终的这段 ReadBook 代码是最具移植性的, 称得上独立而完整。

可以看到, 从优化一到优化四, 绕了一圈, 每一步修改都非常小, 每一步都是解决一个小问题, 可能每一步遇到的新问题是之前并没有预料到的。优化一到优化三分别是 3 种依赖注入的手段: 属性注入、构造函数注入和普通函数注入。它们并没有优劣之分, 只有应用场合之分, 这里我们是用一个案例将它们串起来介绍了。同时大家通过这个小小的例子也可以体会到: 写精益求精的代码, 是需要工匠精神的。

让每一个模块独立而完整, 其内涵是丰富的。它把自己所需要的东西全列在清单上, 让外界提供, 自己并不私藏。这意味着和外界的关联是单向的, 这样每个模块都变得规规矩矩, 容易被使用。如果模块要被替换, 拿掉时也不会和周围模块藕断丝连。

那么, 问题来了, 如果都做"缩头乌龟"不去关联别人, 可是那么多的联系总得有人去实现, 谁去实现呢? 最好让专门管理"桥梁"的模块去实现, 这就涉及下一个解耦原则。

4.4.2　让连接桥梁坚固而兼容

前面说了, 模块好比孤岛, 孤岛之间需要桥梁去连接。而我们需要这些桥梁坚固 (具有不变性), 还可以兼容各种岛屿 (具有兼容性)。

这个原则太重要了, 尤其要减少 4.3.4 节所提到的"需求变化"所带来的影响, 主要就是靠桥梁的质量来应付。**解决这种耦合是需要架构师提前预判的, 我们要尽量让变化落在岛屿上, 而不是桥梁上。因为更换桥梁的成本要更高, 风险要更大!**

指导原则说完了, 还有哪些具体招数呢? 其实本书的很多章节都在介绍具体招数, 比如第 3 章、第 6 章、第 12 章和第 13 章等, 本章就不做具体阐述了。

4.5 总结

耦合不是贬义词，它的本质是相关性。如果符合业务需求，反映底层系统限制，就是好耦合；否则，就需要解耦。

解耦的手法多种多样，需要不断地积累。

第 5 章

数据的种类——生命如此多娇

程序世界里，数据就是生命。有生命才能演绎故事。没有数据的程序，就好比华丽的 F1 赛道上没有车，没有比赛自然不会有故事。

一个个不可思议的生命，在一个个程序世界里不断地演绎着出生、运动、死亡的故事。这些生命形态有原始的，有复杂的。这里，我们探讨一下程序世界里的生命种类吧。

5.1 常用数据类型

写任何程序，用得最多的数据类型无非就是这 3 种：string、int 和 bool。

5.1.1 string 类型：人机沟通的桥梁

每个 string 类型的数据由若干字符组成，而每个字符无论是字母还是汉字，它们本质上就是一张张矢量图片。只不过这些图片被编译成了字符编码，能让程序认出来。对于计算机来说，一个字母 "S" 和一条弯曲的小蛇能有什么区别呢？可如今 "S" 被编了码，计算机就能认出它来了。再比如汉字，对于外国人来说，它们何尝不是图片呢？因为中国人的脑子里对汉字 "编了码"，所以能认得这些汉字。

string 类型的地位是极其特殊的，它是用户和程序能共同认识的最基本的数据。

如今，都是图形界面的天下。在图形界面里，用户想进行看得见的输入，只能通过 string 类型的数据进行沟通。还有我们经常谈到让什么数据变成可配置的，"可配置" 俨然成为最理想情况的一个标准。而 "可配置" 最根本的支撑点，就是 string 类型。必须能方便地转为 string 类型的数据，才是可配置的。比如 int 型的 100 可以很方便地转化为字符串 "100"，因此用户可以很方便地将其配置在配置文件里。

所以，无论是在界面输入还是修改配置文件，哪怕输入的是数字，本质上都离不开 string 类型的支持。string 类型的数据相比其他基础类型的数据，其最大的特点是能无缝来回穿梭在程序和人脑里。不过，能来回穿梭程序和人脑的不仅仅是 string 类型，如今的语音交流甚至肢体交流，也都在迅猛发展中。

string 类型的使用率是非常高的。在程序运行中，string 的数量可以很多，经常超出你的想象。所以对于 string 类型，很多语言会优化它的性能。例如，神奇的字符串池可以让 string 类型作为一个标准的引用类型，具备值类型的特点，也就是说它明明是引用传递，用起来却像值传递。字符串池并不是所有语言都具备的特点，这里就不细讲了。如果你发现所用的语言支持字符串池的话，应该感到开心，这会很方便。

5.1.2 int 类型：多变的万花筒

谈不上 int 的本质，只是说说我对 int 的感想。

和大家的直觉不同，它用得最多的地方不是可以显示给最终用户的阿拉伯数字，例如计算器上的 10 个数字按钮，而是用来描述数据结构的下标，或者数组的长度等，例如 arr[index]。所以说，int 类型的最大任务是描述程序的内存结构。int 毫无疑问最贴近整个计算机体系的核心。

除此之外，int 经常默默无闻地隐藏在背后，给我们提供帮助。例如，我们经常用到 int 和 char 类型的对应关系。这里举一个大家都遇到过的例子——判断一个字符是否是英文字母：

```
public bool isLetter(char ch) {
    if(ch >= 'a' && ch <= 'z' || ch >= 'A' && ch <= 'Z')
        return true;
    return false;
}
```

这里面虽然没有出现 int 字符，但有大于或小于的比较，本质是比较它们在 ASCII 码表里的整型值。

再比如浮点数，在计算机体系里都是通过整型来表示的，具体规则类似科学计数法。

此外，int 的变换也是最复杂的。同一个 int 数值，除了最常见的十进制之外，它还有二进制、八进制和十六进制的转换，这些都是和 int 类型有关的内容。大量实用的算法，都要借助 int 的二进制来实现。

所以，int 类型既简单又复杂。对它有深刻的了解，能让你广开思路。

5.1.3 bool 类型：能量巨大的原子

bool 类型是最细粒度的数据，但不要小瞧它。

bool 类型有两个特点，下面我们就从这两个角度来学习。

特点一：人小鬼大

绝大部分 bool 变量的最终目的是用到 if 语句里面。而 if 语句的本质是正反双重信息的叠加，所以 bool 类型虽然占内存最小，但占的人脑内存可真大。一段代码中，单位面积内定义的 bool 变量和 if 语句越多，就说明其复杂度越大。例如：

```
if(condition) {
    ChoicePath1();
}
else {
    ChoicePath2();
}
```

一旦读到这样的语句，阅读速度就会迅速下降。因为比起平铺直叙的逻辑，把这样的选择逻辑放入到脑子里理解确实困难。

尤其是 if...else 语句还有多重嵌套的话，这就更难了。阅读速度下降，逻辑的复杂度急剧上升。

if...else 语句意味着多选一。也就是说相同的一组输入数据，只能走一个分支，这意味着 N-1 个分支走不到。这也给单元测试带来困难。

有哪些方式可以优化 if...else 语句呢？在第 10 章里，有详细的介绍。

特点二：描述规约

有一类函数和 bool 数据紧密相关，例如：

```
bool IsSomeThingTrue();
```

这是返回值为 bool 类型的函数。它们有什么特殊之处呢？且听我慢慢讲来。

我们每个人从小就会问无数个以"为什么"开头的问题："为什么烂苹果不能吃？""为什么太阳比月亮大？"……

如果长大后面对新事物，依然动不动以"为什么"开头问，就不合适了。更理性的做法是在我们问"为什么"之前，把"为什么"替换为"是不是"。这是一个让你受益一辈子的好习惯。

比如，你听到别人问："为什么程序员都不修边幅？"

你先替换为："是不是程序员都不修边幅？"这样去理解这个世界会更好。

而"是不是"对应的就是这个 bool 类型的数据。可以看到，有关生活的大量描述，甚至人类认识世界的方式，都是先从"是不是"开始的。而一个项目的业务逻辑同样如此：要将复杂的业务从头到尾描述清楚，需要建立在一个一个的"是不是"的逻辑基础之上。举例如下。

公交系统里：这位乘客是否买票？如果是，让他上车：

```
bool HasTicket();
```

银行系统里：这位顾客信用是否合格？如果是，银行给予贷款：

```
bool IsEligible();
```

而这些"是不是"的问题，通常都是项目很重要的业务需求，它们对应的是非常具体的业务规则。这些返回值是 bool 的，对业务进行描述判断的方法，我们称为"规约"。

我们在开发项目的时候要有意识地和客户沟通，刻意地把这些规约提炼出来。这些都是很宝贵的资料。

所以，bool 是和具体业务结合最紧密的类型，这个特点请大家牢记。

5.2　按生命周期划分数据

变量的生命周期，大概的意思就是这个变量的有效期。不同的变量数据，生命周期的规则也完全不同。

比如 global（全局）数据和 static（静态）数据，已经划分为神仙阶层，能拥有和程序世界等长的寿命。除此之外的数据，彼此之间的寿命差异极大，大概分为两类。

第一类是亲信部队。它们分配在栈区（空间不大，一个线程对应一个），栈区空间的分配和回收由操作系统直接接管。例如：

```
int function(int a) {
    int count = 10;
    return a + i ;
}
```

这个 count 的生命周期以进入这个函数体开始，离开这个函数体便结束了。从开始到结束的过程完全不需要程序员控制。

第二类是平民百姓，它们分配在堆区，例如：

```
Person person = new Person();
```

或者通过反射：

```
Person person = personClass.newInstance();
```

虽然 person 这个引用既可能在栈区，也可能在堆区，但它所指的内存空间一定在堆区。而堆区数据的生死，操作系统是不管的，必须由程序自己管理。在手动或半手动管理内存的语言里，了解每个对象的生命周期是基本功，时刻都要注意。

很多高级语言有强大的垃圾收集器辅佐，实现了全自动内存管理，所以堆区数据带来的麻烦并不明显。垃圾收集器有一整套算法推断出哪些数据该被回收，其中最主流的算法有两种：

❑ 引用计数算法；
❑ 可达性遍历算法。

引用计数算法的核心是计算引用计数。当一个对象没有任何引用时，就可以消亡了。引用计数算法相对简单，但会在体内产生并积累毒瘤——解决不了循环引用的对象。所以，它常常需要可达性分析算法辅佐。比如 CPython 的垃圾回收就是采用引用计数，其中主垃圾回收器会清理垃圾，对于那些因为循环引用无法清理的对象，CPython 会不时地启动一个辅助的基于可达性遍历的垃圾回收器来清理。

可达性遍历算法，就要用到上面介绍的全局数据和静态数据"与天同寿"的特点了。以它们为起点，建立一条条访问链条。如果有对象不存在于任何一条访问链条，就意味着它将是可被清除的。

由于引用技术无法彻底清理对象，所以主流的 Java 和 C# 都采用可达性遍历算法来实现垃圾清除。

5.3　两个重要的数据容器

数据容器就是装载各种数据的数据结构，这里只讲解我认为最实用的两种。

5.3.1　数组——容器之王

数组绝对是和程序员打交道最多的数据容器，不是之一，在数据容器世界里是当之无愧的王者。**人类面对世间万物的庞大数据，为了降低理解难度，总是先整理归类。一旦归类，数组就产生了。**

举一个直观的例子：人类把狮子、老虎和猫都归属于猫科。于是我们可以构成一个猫科数组：[lion, tiger, cat]。

有的虽然没那么直观，但是其实身后都是数组，举例如下。

❑ 一个一个的 string 字符串，就是 char 类型的数组。
❑ 一个一个的 int 整数，可以表示为个、十、百……位的数组。
❑ 每个数据库表一行一行的数据，也是一个一个的数组。

可以看到，很多相似的东西在规矩地排队，很可能化为数组。

相比其他容器，数组有两大特点。

❑ **每个数组都有一组从 0 开始的下标。**下标的作用非常神奇，威力很大，它可以让数组快速定位任意元素。一个数组哪怕有 10 000 个元素，我也能迅速地把第 10 000 个元素给你，这很像《哆啦 A 梦》里的"任意门"，能瞬间到任何地方。这如果让链表做，可要爬好半天。其他容器想要获得相同的快速定位能力，本质上都要利用数组的"任意门"功能。例如散列表，同样有快速定位的能力，而这种能力其实来源于里面内置的数组。

❑ **排序和数组有密切的关系。**大量的排序算法，针对的都是数组的排序。在实际应用中，也经常会遇到对数组排序的需求。谁见过对后进先出的栈排序？疯了，栈依赖的就是元素放进来的次序，一旦排序，就全乱了。而数组的快速定位能力，能帮助很多其他数据结构来优化排序效率，比如对链表和完全二叉树的排序。也有借助数组记录顺序的，比如散列表的元素之间是没有先后之分的，那编程时要注意：假如你按顺序添加了一组数组进入散列表，然后 foreach 迭代访问这些数据时，访问顺序不一定是之前的添加顺序。如果想保留这种添加顺序，可以封装一个 SortedDictionary 类，里面的实现通常是添加一个数组来辅助记录 key 值添加的顺序。

数组也常常成为很多程序最核心的数据，你会封装大量的函数来对该数组进行操作，让对数组的一系列组合操作更简单。对数组操作封装的好坏，直接决定程序的质量。随便举几个例子。

- ❑ 观察者模式中，有对观察者数组的增删和轮询的操作。
- ❑ 开发导航组件时，有前进、后退和跳转等功能，都是对一个一个页面组成的数组的操作。
- ❑ 开发下棋软件（纯人类对弈）时，其中的棋盘对应的也是一个数组，是一个数组的数组——二维数组。
- ❑ 开发扑克牌游戏时，核心数据也是数组，分别是洗牌、分牌和打牌等。

5.3.2　散列表——银行的保险柜

散列表（也叫哈希表）无疑是第二重要的数据容器，也是我在本章最想分享的知识点。

散列表本质上是一个由链表组成的数组。通过散列算法这个"黏合剂"，让它同时具备了链表和数组的优点：既能像链表那样高效地增加和删除元素，也几乎能和数组一样快速定位元素。关于散列表的实现原理，各种资料已经介绍得太多，本书还是着重于它在应用层面的意义。

1. 散列表的特性

散列表为每一个数据（value）编排一个名字（key），然后可以根据名字存取数据。它有两个主要的特点。

- ❑ 一个 key 只对应唯一一个 value，反过来每个 value 只对应一个 key，而且能根据 key 快速定位到 value。
- ❑ 每个 key 并不知道其他 key 的情况，也不会影响到其他 key，是彼此独立的。注意：这个 key 不一定是字符串，也可以是对象。

第一个特点就已经让散列表应用很广了，比如可以用于数据的去重算法。散列表还大量用于对象的序列化和反序列化中，充当中间转换的媒介：在对象中，每个属性名肯定是唯一的，而且一个属性对应一个值，这不是天生可以被散列表装进去吗？

第二个特点让散列表像银行的保险柜，每一个柜子对应一把唯一的钥匙。虽然柜子集中存放，但相互隔离，彼此保密。而这个特点更是让散列表在架构设计中起到了举足轻重的作用，可以说是功勋卓著。其中，我认为最值得讲的是散列表实现了 Container 这么一个概念。散列表是 Container 最主要的实现形式。

2. 实现 Container——交通中枢

实例背景：有一个工程越写越大，越来越多的 service（或叫 operation）这种中间层的类需要变成单例模式。例如：

```
public ConfigService {
    private static ConfigService sharedInstance;
    public static ConfigService SharedInstance {
        if(singleInstance == null)
            sharedInstance = new ConfigService();
        return sharedInstance;
    }
    // 为了让大家访问单例，需要屏蔽构造函数
    private static ConfigService() {
    }
    ...... // 其他代码
}
```

外部访问时，只能用 ConfigService.SharedInstance。可是 *.SharedInstance 数量越来越多的时候，就会出问题。

    ❑ 这样的 SharedInstance 单例代码太多，而且都是格式重复的代码。

    ❑ 因为代码由多人所写，写到后来，有的不需要写成单例的 service，也被照搬写成了单例。

那么，是否有一个好方法来统一管理这些单例呢？可以用 Container。

Container 最核心的部分就是这个散列表。先申明一下，这个 Container 可以用字典 Dictionary 实现：

```
Dictionary<string, object> container = Dictionary<string, object>();
```

等等，怎么变成字典了？字典和散列表的区别是什么？每种语言中它们的区别不太一样。有的语言里字典就是散列表；有的语言里字典是泛型化的散列表。你就认为字典是一种特殊的散列表吧（本书中，字典都是这个含义）。

之后，在字典里添加所有的单例，它的 key 值都是 string 类型的，代表要实现单例的类名。value 值就是这个类的对象：

```
container.Add("ConfigService", new ConfigService());
container.Add("DatabaseService", new DatabaseService());
container.Add("NetworkService", new NetworkService());
...... // 其他的 Service 类
```

好了，把所有的 service 加入到字典，也就是把所有的珍贵物品存到了银行保险柜。剩下的就是如何从银行取出了。你当然需要一个凭证，就是这个 key。

为了方便管理，我们先把所有的 key 都综合到某个 class 里或者枚举类型里：

```
class ServiceKeys {
    public static readonly string ConfigService = "ConfigService";
    public static readonly string DatabaseService = "DatabaseService";
    public static readonly string NetworkService = "NetworkService";
}
```

你不必记住哪些 service 被添加到了 container 里面，它们又叫什么名字。

例如，对于 ConfigService 对象，我们这样取就好了：

```
ConfigService configService = container[ServiceKeys.ConfigService];
// 别忘了上面添加到 container 的语句也替换为对应的 ServiceKeys.ConfigService
container.Add("ConfigService", new ConfigService()); == >
container.Add(ServiceKeys.ConfigService, new ConfigService());
```

注意：我们并不是添加 ConfigService 的单例。此时，所有单例代码（包括 ConfigService 的）是优化的目标，都被除掉了，它们恢复了正常类的形式。

可能有人要问：我们的需求是要单例啊，这样如何保证单例呢？

我们只需要把 container 自己定义为单例就可以了：

```
static public Dictionary<string, object> container = Dictionary<string, object>();
```

一旦这个 container 变成了单例，那么它所有的子元素自然都是唯一的。

但这样做会有一个新问题：非单例的 service 怎么办？因为有的 service 不需要单例，每次调用时都要创建一个新对象。但我想所有的 service 对象都从统一的接口里去取。怎么办呢？

好办，我们把取 service 的函数封装到一个 ResolveInstance 函数里：

```
ConfigService configService =
(ConfigService)ResolveInstance(ServiceKeys.ConfigService);
```

在 ResolveInstance 函数里再施展一番手法：

```
static Dictionary<string, object> container;
static public object ResolveInstance(string key) {
    if(container.Contains(key))
        // 如果已经添加到 container 里面，返回该元素
        return container[key];
    else
    // 如果没有添加到 container 里，那么根据类名通过反射去创建一个新对象，
    // 也算集成了一个小小的工厂模式
    return CreateInstance(key);
}
```

这样，你可以通过注入在散列表里的数据来区分哪些对象需要单例，哪些是临时对象。两种对象的生命周期不一样，一种最长（最常用），一种最短。如果还不满足需求，还可以继续构建更复杂的生命周期管理系统。

自此，我们完成了 Container 的实现。可以看到，整体逻辑和最原始的代码有天壤之别。可是付出了这么多代价，好处都有哪些呢？

❑ 类里面的单例代码都去掉了，减掉了大量重复函数，类变得更灵活了。去掉了单例这顶沉重的帽子，这个类感觉变轻松了。这些单例对象让 Container 统一管理。实际上，Container 也可以管理非单例对象，可以扩展对象的生存周期的属性。

❑ 本来需要使用方法自己创建对象，如今这些任务放在 Container 里统一管理了。自此，所有的 service 都和 Container 有直接的关系，而 service 之间毫无关系，Container 充当了交

通中枢的角色。所有流程都变得更统一和简单：一律先从 Container 里取需要的 service 或其他数据，再进行接下来的流程。

❑ 这样做有利于单元测试，因为 Container 可以轻易地构建所需要的数据。大概流程图如图 5-1 所示。

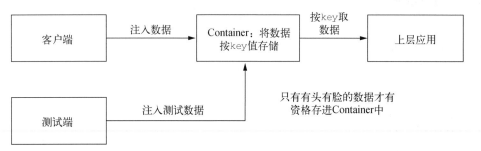

图 5-1   注入数据流程

既然 Container 这么好，那么是不是创建的任何级别的对象都可以往里放呢？任何级别的对象是否都可以从 Container 中取呢？这个问题不太好回答，因为并没有特别硬性的标准。每种工程采取的粒度可能也不太一样。但综合来说，以下情况蛮适合用 Container。

❑ 你创建的对象自己并不用，留给别人将来用。而"别人"是谁？此刻你并不清楚。
❑ 你创建的对象留在自己肚子里，由于你的访问等级比较严，别人可能不太容易取。
❑ 由于所要取的对象并不由你创建，你需要搞清楚是谁负责创建的，有没有创建，而这种业务逻辑有可能对你很复杂。
❑ 虽然搞明白了对方如何创建的，但是获得对方的引用很困难，或者对方访问权限比较严，不知道怎么取。

有个共同的 Container 作为一个货架（平台），专门用来解决大家的沟通问题，大家只关心和 Container 的沟通即可，这不很好吗？

不过如此一来，所有的数据流都经过 Container 这么一个点集中式管理，好吗？难道不耦合吗？

好！不耦合！因为散列表的特性决定了数据集中却不耦合。

注意：不要把 Container 和工厂模式类比，它们仅仅在使用上有一点点类似，但完全是不同层面的东西，它们的区别如下。

❑ 解决的问题不一样。Container 为了解决无数点对点之间杂乱的连线，将它们剪断并统一管理。工厂模式主要是封装创建对象的复杂逻辑，以提高代码的抽象等级。
❑ 从 Container 里获得的对象，和 Container 是有所属关系的，属于 Container。而工厂模式里，一旦对象从工厂创建出来，就像断了线的风筝，和工厂再没有关系。但两者是可以结合使用的，有时候可以往 Container 注入一个工厂，有些数据让工厂生产。

❑ 从 Container 取得对象是第二步。第一步是往里注入对象，它是一个平台。只不过很多框架把注入的步骤自动化完成了，使用者只有取的步骤，让使用者误以为和工厂模式很像。

3. 晦涩难懂的控制反转

好了，Container 介绍完毕，接下来将话题升华：介绍一个重要且不太好懂的编程原则——控制反转。

上面 Container 的实现中，我们从最初需求着手，不知不觉已经实现了 Service Locator 最简单的雏形了。而散列表实现的 Container 则是 Service Locator 中最核心的那部分，是扮演戏台的角色。

Service Locator 又是什么？它是编程原则"控制反转"（IoC）的实现方式之一。那么，"控制反转"又是什么？从字面上确实不容易理解，大意是"某种权力转交给了别人，于是被反转了"。在 Service Locator 里，就是"你创建对象的权力转移给 Container 了"，被"反转"了。

其实，实现"控制反转"有如下两种方式。

❑ 第一种是 Service Locator。
❑ 第二种是第 3 章提到的"依赖注入"。例如，通过属性注入：

```
void setConfigService(ConfigService service) {
    this.configService = service;
}
```

这种依赖注入的方式自然也可以把创建对象的任务外包，交给外层，从而实现"控制反转"。

如此分类，显得 Service Locator 和"依赖注入"似乎是互斥的两种技术，其实不完全这样。从函数局部看，它们是互斥的：函数内部通过 Container 取得数据，就没必要再通过参数依赖注入了；同理，通过参数依赖注入，也就没有必要再通过 Container 取得数据了。但是从全局来讲，它们有可能还是合作关系：依赖注入的数据来源是哪里呢？可能还是从 Container 取得数据。也就是说，我可能先从 Container 取得数据，接着进行依赖注入。例如：

```
ConfigService configService = (ConfigService)ResolveServiceInstance
    (ServiceKeys.ConfigService);
myOperation.setConfigService(configService);
```

控制反转的两种手法，再集成工厂模式，可能让本不需要 new 的模块里，彻底摆脱 new，从而整体升级到抽象层面。

上面的案例把单例代码和 service 类解耦了，但是我们却把所有的 service 类都放到了同一个散列表里，似乎又耦合起来了。**散列表的特性决定了它拥有无与伦比的魔力：它虽然集中了所有的数据，但是数据之间并不是耦合的，是独立的！同一个散列表里的任何一个子元素永远不知道有多少兄弟存在，也无法影响它们。**

5.3.3   容器总结

数组和散列表是两种最常用的容器,其用途广泛。而且它们结合起来还能产生奇妙的化学反应,能够表示任一对象的数据成员结构。说起来真的很巧妙,对象的定义无论怎么千变万化,它的数据成员结构都可以用数组与散列表相互间的嵌套和组合来表达。当你用 JSON 格式序列化对象时,就能很容易明白这一点,本节就不详谈了。

5.4   对象的种类

对象是编程世界里最有趣的概念,通过它能直接映射出大千世界的方方面面。和真实世界一样,程序里有的对象是高贵的公主,有的则是平庸的蝼蚁。

根据应用场景的角色不同,对象可以分为两种:实体对象和值对象。两者有啥区别呢?形象一点说,在一个戏台上,演主角的,就是实体对象;演路人甲或者道具布景之类的,就是值对象。这么高级的概念可不是我发明的,这是"领域驱动设计"(DDD)的概念,有兴趣的可以去研读更多细节。

5.4.1   实体对象——光鲜的主角

那么,实体对象有啥特点呢?既然是主角,肯定会有唯一标识,大家都认得出,不会和别人搞混。

比如,Person 对象很可能属于实体对象。一般情况下,Person 会有一个唯一的 ID 标识对应着数据库的主键。每个 Person 数据都是独一无二的,很重要,少一个就出 bug 了。

5.4.2   值对象——配角或道具

值对象就是那些我们不关心它具体标识的对象。它们仅仅给实体对象提供一些标准化的服务。例如,一支钢笔,演员拿着一支钢笔写字,我们并不关心他拿的是哪支钢笔,数据库也不会有专门的表去存储这支钢笔。

还有,值对象的行为应该是简单的,可预期的。周星驰在参演的《喜剧之王》里,他扮演的该死掉的路人甲一直死不了,导演恼了,对他说:"你怎么就死不了啊?"本来他扮演的路人甲是一个值对象,没人关心他姓什么。但周星驰的表演和别人预期的不一样,喜剧效果的原因就在于一个值对象居然妄图变身为一个实体对象。

假如一个机器人,每次扫地都能将地板扫得一样地干净,分毫不差,虽然很高科技,却因此沦为值对象,沦为背景了。因为它提供的服务每次都是一样的,在它身上能发生故事的可能性就很小。除非某天突然进化为具有自我意识,变为一个实体对象。

那么,分清楚实体对象和值对象,对我们有什么意义呢?

大家首先要认识到很多模糊地带是没有办法分清楚的，你也很难去界定它。但在能清晰区分出来的领域里，分清两者对我们的意义如下。

- 封装对象的时候，能更清晰地将值对象的数据从实体对象里区分出来。
- 给我们设计对象依赖关系带来一个指导纲领：我们应该尽量让实体对象能拥有值对象，而不要出现值对象去拥有实体对象的情况。

5.5　描述数据的数据

有一种数据，专门用来描述其他数据，这就是元数据。我们常见的一个类的定义：

```
class student {
    public string name;
    public int age;
}
```

这当然不是用数据描述的数据，而是典型的用代码描述的数据。那么，什么是用数据来描述的数据呢？下面通过一个实际案例来讲解。服务器里的数据是 XML 格式的：

```
<?xml version="1.0" encoding="gb2312"?>
<studentlist>
    <student id="A101">
        <name>小华</name>
        <age>22</age>
    </student>
    <student id="A102">
        <name>李明</name>
        <age>18</age>
    </student>
<studentlist>
```

其中有些字段经常被删除或修改，那么，如何方便地应付这种修改呢？

我们通过一个 XSD 文件来描述上面这个 XML 文件的格式，这个 XSD 文件就是元数据。以下代码就是通过数据描述的：

```
<?xml version="1.0" encoding="utf-8" ?>
<xs:schema id="student">
    <xs:element name="student">
        <xs:complexType>
            <xs:sequence>
            <xs:element name="name" type="nameType"/>
            <xs:element ref="age"/>
            </xs:sequence>
        </xs:complexType>
    </xs:element>

    <xs:simpleType name="nameType">
        <xs:restriction base="xs:string">
            <xs:minLength value="2"/>
            <xs:maxLength value="8"/>
```

```
        </xs:restriction>
    </xs:simpleType>

    <xs:element name="age">
        <xs:simpleType>
            <xs:restriction base="xs:int">
                <xs:minInclusive value="1"/>
                <xs:maxInclusive value="100"/>
            </xs:restriction>
        </xs:simpleType>
    </xs:element>
</xs:schema>
```

可能有人会问：这么复杂的文件，还不如直接修改代码方便呢。其实，这么复杂的 XSD 文件格式你不用完全掌握，因为有很多专门的工具可以可视化地生成它们。

之后还可以通过工具解析这个 XSD 文件，并自动生成对应的 class 文件，也就是上面的 student 类。

如果添加了一个字段，例如 sex，重新修改 XSD 文件，再重新生成一遍 student 类，得到：

```
class student {
    public string name;
    public int age;
    public string sex;
}
```

此时就可以拿这个新的 student 类，去反序列化服务器传过来的含 sex 字段的 XML 数据。

这种需要自己编写元数据的应用场景，大家遇到的可能不多。但是大家还是经常会用到元数据带来的服务的。下面随便举两个例子。

- ❑ **ORM 的框架实现**。model 层的代码能自动生成，肯定需要元数据的支持。
- ❑ **反射**。每种语言的反射能力有强有弱，强弱的根本原因就在于你事先编译好的元数据够不够用。

最后提一句：在自动生成代码领域，元数据用得会比较深入，甚至涉及它的层层定义。

5.6 总结

在任何程序中，最初的输入是数据，最后的产出也是数据。数据才是用户关心的最根本的东西。把握数据的变化和流转能让你更好地去把握整个系统的本质。

数据的种类纷繁复杂，区分的角度也多种多样。本章的探讨虽然浅尝辄止，但也算是一次勇敢的尝试。

第 6 章

数据驱动——把变化抽象成数据 6

数据驱动是使程序员进阶的一项核心技能，重要且使用频繁。它是看待事物的一种新思路，希望大家阅读本章后仔细揣摩。本章先用三个实际案例从三个不同角度解释数据驱动，进而介绍其辅助技术：反射。

6.1 三个案例

下面给出了三个令我印象很深的真实案例，它们代表三个不同的角度。

案例 1：张牙舞爪的纸老虎

下面这个函数的目的是判断是否支持输入的文件类型：

```
bool isValidFileType(string type) {
    bool isValid = false;
    if(type == "mp4") {
        isValid = true;
    }
    else if(type == "txt") {
        isValid = true;
    }
    else if(type == "ppt") || (type == "pptx") {
        isValid = true;
    }
    else if(type == "pdf")) {
        isValid = true;
    }
    else if(type == "xls") || (type == "xlsx") {
        isValid = true;
    }
    else if(type == "doc") || (type == "docx") {
        isValid = true;
    }
    return isValid;
}
```

代码虽长，其实逻辑却很简单。或者反过来说更正确：本来这么简单的逻辑却用了如此大幅度的笔墨伺候。请看变招：

```
string[] validTypeArray = {"mp4", "txt" ,"ppt", "pptx", "pdf",
                           "xls", "xlsx", "doc", "docx" };
bool isValidFileType(string type) {
    return validTypeArray.Contains(type);
}
```

无须仔细分析，直觉上已经可以判断谁优谁劣了。之前的代码，把本来可以是数据的`"mp4"`和`"txt"`等内化到代码里，写成`if(type == "mp4")`和`if(type == "txt")`等。这就等于把整个`validTypeArray`里面的数据像面粉一样发酵起来了，代码膨胀且缺乏弹性。

案例 2：大智若愚的应对

一次我在批量处理数据时遇到一个特殊数据，需要额外进行逻辑处理，于是只好通过`if`判断的方式进行判断。我还挺谨慎地在前面标明了注释，生怕以后忘了：

```
// 处理特殊数据，并进行额外操作
if(number == "123") {
    DoSomeThing();
}
```

调试成功之后，我又觉得不妥，如果下次增加了一个新的特殊数据`"456"`，又要修改`if`的内容，变成：

```
if(number == "123" || number == "456")
```

顿时预感不好，将来会没完没了。于是修改代码如下：

```
// 首先定义一个数组去承载这些特殊数据
Array exceptionNumbers = {"123", "456"};
// 接着定义一个判断函数
bool isExceptionNumber(string number) {
    return exceptionNumbers.Contains(number);
}
```

而原来的`if`判断语句，现在变成了：

```
if(isExceptionNumber(number)) {
    DoSomeThing();
}
```

修改后很满意。

这样做有什么好处呢？乍一看代码变多了，更复杂了。原来仅仅是简单的一个`if`语句，现在变成了：一个`if`语句＋一个函数＋一个数组。如果继续新添加一个特殊数据，两种方法都需要修改一次，再重新编译，似乎也说不上哪个更方便。

但这两个方法有着本质的不同，我们称前一种是"枚举判断方法"，后一种是"数据驱动方法"。总结一下，后者有如下几点优势。

❑ 在数据驱动方法里，抽象出一个新的函数 `isExceptionNumber(string number)`，这个函数名承载了语境，让人一看就懂。还记得前一种方法有额外注释吗？这里函数名代替了前一种方法的注释！注意：注释写得再好，都不如函数名取得好。

❑ 在数据驱动方法里，修改影响的作用域不一样了！我把 `numbers` 隔离到一个数组里面，下次新添或删改一个 `number` 时，我修改的作用域只是在这个静态数组里，不影响主体代码。修改 `if...else` 经常是一件很头疼的事情，它的作用域经常是全局性的，至少会影响 `if...else` 所有的分支。

❑ 在数据驱动方法里，数据源可以转换形式，更改位置。比如，我们可以将数组的数据移植到配置文件（这也是很常见的应用场景）。而此刻你的主体代码压根不需要动，只需要替换那个数组即可，就是将：

```
Array exceptionNumbers = {"123", "456"};
```

替换为：

```
Array exceptionNumbers = LoadFromFile(file);
```

注意：这行代码的定义很可能写在另外一个类里，甚至在另外的文件里面，是隔离得很好的。

这样的话，变化成配置文件后，它对主体代码完全是透明的，修改的风险明显降低。

❑ 此外，刚才也提到：单元测试时，可以对 `exceptionNumbers` 数组注入虚拟数据，进行批量测试。提高测试覆盖率，也为代码稳定提供了保证。`if...else` 永远是对单元测试不友好的，它只关心当下的这个值。而采用数据驱动的方法，是面向单元测试的。

那么，为什么采用面向单元测试的架构更好？这个会在第 16 章中详细介绍。

我们不知不觉已经列举了数据驱动方法的 4 点好处了，想必大家对它好感大增吧。那么，是不是所有的类似 `if(ivar == data)` 这样的判断语句，都应该封装进数组进行判断呢？切忌照葫芦画瓢，肯定不会是这样的。

上面的例子有属于它的应用场景：当特殊数据理论上的数量是无限的、不能穷举的时候，适用！如果能够被穷举的话，而且个数比较少，直接用 `if...else` 枚举判断就好。例如：

```
if(sex == "男" || sex == "女")
```

或者判断一个 `str` 是否为空：

```
if(str == null || str == "")
```

这种情况可枚举，个数也比较少，此时枚举就很好了。还有一种情况：我断定特殊数据只有一个，最多两个，此时用 `if` 枚举也算正途。这样的情况都无须封装到数组里面，白白让代码膨胀，逻辑复杂度增加。

总之，数据化的优势是为了拥抱将来的变化，没有变化的可能就无须使用了。

案例 3：以不变应万变

系统里有 20 个不同的子类，界面上有 20 个按钮。每单击一个按钮，就创建一个对应的子类对象。于是足足实现了 20 个点击事件，其中第一个事件的实现代码如下：

```
void button1_click(object sender) {
    BaseClass obj = new Class1();
}
```

一天，产品经理终于良心发现，受不了了，一早就冲我跑过来说：“界面要修改了，20 个按钮太多了，我们要优化成一个下拉列表框，里面有 20 个选项。”

需求更改虽然让开发人员不爽，但这次确实是个合理的设计。可下拉列表框中选中事件的代码怎么实现呢？把 20 个 `if...else` 串联？假如这样：

```
if(selectItem == "Class1")
    return new Class1();
else if(selectedItem == "Class2")
    return new Class2();
......
```

以后又加了 20 个新子类时，该怎么办呢？

用多态？多态一般在对象已经创建出来之后才能产生动态行为，而这里是处于创建对象的过程，多态无能为力啊！

这时候“反射”从天而降。对着束手无策的你说：我是运行时 `runtime` 的部下，它派我来帮助你！不过呢，我需要你准备如下东西。

第一步：首先给我准备一张字典或散列表来装载表示 button 和对象之间映射关系的数据。具体如下：

```
[
    button1_tag : "Class1",
    button2_tag : "Class2",
    button3_tag : "Class3",
    ......
    button20_tag : "Class20"
]
```

我们把这些数据加载到 `dic` 变量里面。

第二步：我需要一段引擎代码。引擎代码是描述规则的代码，也是框架代码的核心，我将藏在里面工作，具体如下：

```
// 这里的规则简单：先找到对象名，就可以创建对象了
BaseClass GenerateClass(string button_tag) {
    string className = dic[ button_tag ];
    Class<?> currentClass = Class.forName(className);
    return currentClass.newInstance();
}
```

第三步：请指导客户调用我的引擎代码。相关代码如下：

```
// 接下来能很方便地创建对象了
void DropDownList_Selected(string selectedItem) {
    BaseClass obj = GenerateClass(selectedItem);
}
```

这一步是提供输入数据，并触发引擎工作。

到此，利用反射和数据驱动的思路，我们成功把 `if...else` 消除了。此时你如果再添加一个 `Class21`，也仅仅是在散列表里添加一对数据而已。同时也可以看到，就算产品设计改回来，用 20 个按钮来实现，你的第一步底层数据和第二步引擎代码是不用修改的，它们和具体的界面是完全无关的。需要修改的只是第三步客户端调用的逻辑。而这一步的代码和前两步代码是明显隔离的，甚至可以在不同模块里完成，这将带来很好的灵活性。

数据驱动的基本架构

这三个案例总结如下：

❑ 案例 1 将已有的众多 `if...else` 条件判断进行了数据浓缩，代码变简洁了；
❑ 案例 2 面向未来，将仅有的逻辑进行数据架构的扩充，代码变多了；
❑ 案例 3 是应付界面激烈的变化，隔离数据，能维持底层的稳定。它产生的应用价值在三个案例中也是最大的。

它们的核心思想是一样的。如图 6-1 所示，先把变化抽象成数据放在"纯数据层"，在这之上是制定数据处理规则的业务层。

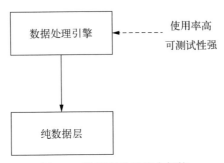

图 6-1　数据驱动的基本架构

从这些案例可以看到：数据驱动能让你的代码看似笨重但却灵活，更容易维护，更适应变化。这些数据容器，就好比捉妖袋，把"变化"这只妖怪困在捉妖袋里控制住。也就是说，我们把变化放在了最能够容纳变化的容器里。

6.2　数据驱动的好帮手：反射

在 6.1 节的最后一个案例中，优化的核心技术是：数据驱动＋反射。我很喜欢反射，它经常在架构设计中发挥奇兵作用。

6.2.1　反射是将代码数据化

我们先看反射最常见的功能：根据类名创建一个对象。

例如，根据一个 string 类型的弹珠数据 String className = "Person"; 可以创建一个 Person 对象：

```
Class<?> personClass = Class.forName("Person");
Person person = personClass.newInstance();  // 这里创建了 person 对象，所以对象的创建
                                            // 不仅仅是通过 new
```

反射的技术点还有很多，比如给你一个函数名 Drive，就可以直接调用这个对象的 Drive 函数了（如果不存在的话，运行时将报错）：

```
String methodName = "Drive";
Method method = personClass.getMethod(methodName);
method.invoke(person);
```

好了，那反射和数据驱动有什么关系呢？

反射中的核心功能（并非所有功能）从业务的本质看，就是将代码数据化！ 在上面的例子中，当你通过反射创建类时，你是把这个类名数据化了；当你通过反射调用函数时，你把这个函数名数据化了；当你通过反射访问成员变量时，你把这个成员变量名数据化了。

而这一切的最终行为也体现为由数据来驱动。反射把神秘莫测的代码，用可视化的 String 数据呈现在用户面前。记得当时想清楚了这个知识点时，我着实开心了一阵。理解了这一点，当你下次思考着：如果在这个地方，函数名是可配置的数据该多好？那可以考虑用反射！

反射能将模块和模块之间的绑定从编译期延迟到运行期，这个特性决定了反射的应用很广。比如，很多工具具有插件式的体系结果，非常灵活，这背后的原理就是基于反射，9.2.1 节中会有相应实例。反射多应用于框架性的代码，所以是架构师必须重点掌握的技术。

不知道大家有没有注意到，在 23 种传统的设计模式中，并没有使用反射。这是有历史原因的：反射出现得比较晚，并且反射技术刚出道时，由于性能原因，其使用也受到限制。如今反射的效率已经大幅度提高，性能再也不是考虑的因素，因此应用场景大幅增加。其次，传统的设计模式更倾向于通用的架构描述，对哪种语言都适用，而并不是每种语言都支持反射。

但设计模式和反射并不是泾渭分明的关系。恰恰相反，反射像一个改革分子成功融入到设计模式的大家庭中，和多种设计模式成为好朋友，从而产生多种更复杂的架构设计。比如 6.1 节的最后一个案例中，反射能和工厂模式结合，让工厂创建对象的逻辑更加简洁。随着反射技术的普及，反射在架构设计里也常常大放异彩。借助反射，可以让控制反转、面向切片等更容易实现和使用。

6.2.2　反射也是一把双刃剑

上一节列举了反射的种种优势，本节则总结了两点反射的缺点。

缺点一：破坏封装

反射好比是孙悟空，能力特别强，但也会闹事。很多时候反射是破坏封装的，比如通过反射可以畅通无阻地访问类的私有方法甚至私有变量，让每个人的隐私无处遁形。比如上面的例子，哪怕你将 Drive 定义为私有方法，也是可以被反射访问的：

```
Method method = personClass.getMethod("Drive"); // Drive 是私有方法
method.invoke(person);
```

这就好比一个鱼缸，一般人只能老老实实从上面捞鱼，而孙悟空能把手直接穿透鱼缸从底下捞，有破坏规则之嫌。所以应该尽量让孙悟空有克制地发挥作用，而让它的破坏力尽量被紧箍咒圈住。

缺点二：影响阅读和调试

除了破坏封装，我认为它最大的缺点是让代码的可读性和调试性受到影响。阅读时，你没有办法直接进入到相应的代码定义，也没有办法通过引用查找。IDE 通过引用进行全局重命名的功能，也没有办法应用到反射这部分，这里容易出 bug；调试时，会经常搞不懂为什么这段代码会被突然执行，失去了调试的堆栈跟踪信息。面对这种困难，没什么好办法，需要你的经验去克服。

6.2.3 各种语言对反射的支持

反射并不是所有语言都支持的特性，但大部分语言都支持，并且各种语言支持的程度也不一样。

反射是运行时支持的强大特性。这句话只说对了一半，应该讲：对应编译型语言，反射是编译器和运行时共同支持的强大特性。编译期间编译好各种元数据，运行期利用这些元数据才能进行各种反射操作。因为每种语言生成的元数据不同，所以每种语言支持反射的程度也不一样。比如，Java 和 C# 的元数据全一些，反射功能相对强大；Objective-C 和 Swift 用于反射的数据少一些，反射相对弱一点；而 C++ 和 C 语言在编译期间没有提供所需的元数据，所以不能直接提供反射功能，需要用其他技术间接实现。这要求大家基于反射进行架构设计的时候，要根据不同语言量力而行。

那么，脚本语言呢？大家知道脚本语言的特点是同时解析加运行，并没有专门的编译期，自然没有编译后的元数据。可是脚本语言的反射功能往往更强大，比如 Python，这又是为什么？答案也很简单：脚本语言虽然没有编译之后的元数据，但有编译之前的源代码，源代码就是最好的元数据了。虽然直接用源代码解析的性能会慢一些，但是性能往往不是脚本语言的第一需求。

6.3 总结

我们设计架构的时候，尽量把最容易变的部分限定在某一个特定区域里，以后有修改就集中在这个区域内。如果这个区域是数据区域（比如仅仅是某个数据容器），不是代码区域，那就更完美了。

设想一下，程序行为的改变，仅仅是因为数据的不一样而改变，并不是代码规则本身发生了变化，这是架构最理想的结构。

如果设计之前就考虑到数据的变化，以它为核心，你将会设计出更好的数据格式去容纳这种变化，进而设计出更好的外围代码去服务这些数据格式。整个系统的设计将自然而然会出现一个良性循环，整体质量将大幅度提高。

第7章

对象之间的关系——父子、朋友或情人

第 5 章介绍了对象有不同的种类，有实体对象和值对象之分，那是对单个对象的静态描述。本章则介绍对象和对象之间的关系，是动态描述。

现实社会中，人和人之间的关系除了是陌生人外，还可能是亲人、朋友或情人。程序的世界由一个一个的对象组成，对象之间也是有各种奇妙联系的。除了陌生人，对象之间的关系也能对应成这三种：父子、朋友或情人。

- ❑ 父子代表继承关系。
- ❑ 朋友代表组合关系。
- ❑ 情人代表依赖关系。

7.1 继承——父子关系

第 2 章已经预告过了，本章将深入解释继承。继承的进阶技巧涉及和继承密切相关的一个重要设计原则——里氏替换原则。**里氏替换原则是架构师的必修课，说白了，它就是教会我们一件事：如何正确实现继承。**接下来，我们先看看什么是"里氏替换原则"。

7.1.1 里氏替换原则——儿子顶替父亲

里氏替换原则：LSP（Liskov Substitution Principle），其中 Liskov 是提出这个概念的女士的姓氏。

其精确定义是，如果对于每一个类型为 T1 的对象 o1，都有类型为 T2 的对象 o2，使得以 T1 定义的所有程序 P 在所有对象 o1 都换成 o2 时，程序 P 的行为没有变化，那么类型 T2 是类型 T1 的子类型。

通俗点说就是，**所有引用基类的地方必须能够透明地使用其子类的对象。**

例如，函数的某个参数是基类，调用该函数时传的是子类：

```
static public GetAge(Animal animal); // age 是 Animal 基类的属性之一
```

调用的时候，可以是 GetAge(dog) 或 GetAge(cat) 等，这就是最简单的里氏替换的运用。

如果单从语法来看，运行时有子类向基类的隐式转换，里氏替换是运行时自动实现的，且对程序员是透明的，无须考虑太多。

既然里氏替换是运行时自动实现的，对程序员是透明的，那我们就不需要管了呗？非也，我们有更重要的事情要做：**确保在所依赖的业务流程中，进行里氏替换后能够正常流转。**

所以，接下来我们分析两个有代表性的违反里氏替换原则的场景："鸵鸟非鸟"和"不听老人言"。

7.1.2　鸵鸟非鸟

最经典的是"鸵鸟非鸟"的例子。假设我要给所有鸟类统一新添加一个 Fly 抽象方法：

```
public class Bird {
    abstract public void Fly();
}
```

但别忘了鸵鸟 Ostrich 也继承于鸟，所以通过继承也自带了 Fly 方法。可鸵鸟那么重，根本不会飞呀！怎么办呢？要不让它假装能飞吧，在 Fly 里面什么都不做：

```
public class Ostrich : Bird {
    public void Fly() {
        print("汗,我其实不会飞的……");
    }
}
```

然而有一天露馅了，鸵鸟被加入了一个游戏场景，猎人开枪打飞出来的鸟。轮到调用鸵鸟时，猎人等了很久，屏幕却是空的。

问题的根源在于违反了里氏替换原则，导致的结果是**子类的行为不符合基类的预期。**

鸵鸟是鸟没有错，但是并不是所有的鸟都能飞。把 Fly 加在 Bird 基类里，往基类里加了本不属于它的功能（虽然可能 99% 的子类都会有飞行功能），所以是类的设计出了问题。

那么，如何解决呢？这里提供两种解决方法，大家先看看喜欢自己哪种。

方法一：将 Fly 抽象成一个接口，从 Bird 基类剥离出去。让真正会飞的 Bird 子类去实现这个 Fly 接口，例如 Eagle（老鹰）类：

```
public class Eagle : Bird, IFly {
    ......
}
```

鸵鸟不用实现 IFly 接口，依然不会飞。

方法二：创建一个"会飞的鸟"FlyBird 的中间类，并继承自 Bird 类：

```
public class FlyBird: Bird {
    abstract public void Fly();
}
```

Eagle 继承自 FlyBird，可以飞：

```
public class Eagle : FlyBird {
    public void Fly();
}
```

而鸵鸟依然直接继承自 Bird，是鸟但不会飞。

一个是剥离出新接口，一个是新增中间类，这两种方法哪个好呢？感觉改动也差不多，那就随心而定？当然不是。这两种方法的选择有什么规则可依据吗？我认为**还是要依据具体业务需求而定**：

❑ 如果抽象出的方法不依赖于新增数据，就剥离出新接口；
❑ 如果抽象出的方法需要新定义数据，就新定义中间类。

假设上面的 Fly 函数需要新增"翅膀"这个成员属性，我会选择方法二，新定义一个中间类 FlyBird：

```
public class FlyBird : Bird {
    protected Wing wing; // 翅膀
    abstract public void Fly();
}
```

如果不需要"翅膀"，我会选择方法一，添加一个 IFly 接口，具体理由如下。

❑ **接口描述的功能比较轻量级**。它好比是羽毛，确实属于我身体的一部分，但是我剪掉它不会流血。另外，接口可以是泛泛的概念，可以修饰完全不同的类。比如，IFly 可以同时修饰 Bird 和 Plane。尽管 Bird 和 Plane 不可能在同一个类族里。
❑ **继承就显得重量级些**。它面对的是基于新增数据产生的新功能。继承体的每一部分都是肉体的一部分，剪掉是会流血的，也就是说是无法随意更改替换的。

但很多语言支持在接口里不仅可以定义方法，而且也可以定义数据，虽然这不常用。那么，能不能把新数据和新方法都定义在接口里呢？我们可以添加一个这样的接口：

```
interface IFly {
    Wing wing;
    void Fly();
}
```

那么 Eagle 实现 IFly 接口，就自动拥有了"翅膀"wing 这个属性，这样就不用定义 FlyBird 这么一个中间类了。这样做行不行呢？

似乎没什么大问题，可以被采纳。但是在同一个接口里，让两个不是强关联的元素结合在一起，总觉得有点不太妥当。要知道接口是完全可以用在别的类族上的，比如飞机、气球等。等一下，气球没有翅膀啊，原来翅膀 wing 不是 IFly 的必须品。所以，在接口中增加 Wing 的数据定义并不适合用在这个案例。

接下来，谈一谈可能触犯该原则的另一个场景。

7.1.3　不听老人言

俗话说，"不听老人言，吃亏在眼前"。这里的"不听老人言"指的是子类扩大了父类原有的行为。等等，子类扩大了父类原有行为也叫错？一代当然更比一代强啊！那提供子类的复写功能干什么？

语法上是允许你随意复写，但业务上，只能有限制地复写！

根据里氏替换原则，我们可以很容易推导出子类复写要遵循的限制条件：**复写之后，子类的行为应该在父类行为的范围之内**。

举个例子，学生 Student 类有个 GetExamScore 函数，用来得到这次考试的分数，满分 100：

```
public class Student {
    public int GetExamScore();
}
```

而老师 Teacher 类有个 GetScoreLevel(int score) 函数，它根据学生的考试分数，给他评个"A""B""C"等级：

```
public class Teacher {
    public string GetScoreLevel(int score) {
        if(score <= 40)
            return "C";
        if(score < 40 && score <= 80)
            return "B";
        else
            return "A";
    }
}
```

现在有个高中生子类 SeniorStudent，他们的考试满分是 150 分，不是 100 分了：

```
public class SeniorStudent : Student {
    override public int GetExamScore(); // 返回值在 0 到 150
}
```

这会造成 Teacher 类 GetScoreLevel 函数统计失误，发现 A 和 B 等级的比例大幅增加。

因此，这种继承是有问题的，是违背了里氏替换原则的。复写之后，子类的行为在父类行为的范围之外。当然，"范围之外"的含义是很广的，它不仅是指一个数值的区间，也可以是行为的集合。

关于里氏替换的这一点，网络资料大量流传着这句话"子类可以实现父类的抽象方法，但不能覆盖父类的非抽象方法"。我觉得这句话有强烈的误导性，所以有必要做个澄清。它把话说得太满，帽子扣大了。

子类覆盖父类的非抽象方法，是面向对象原则赋给我们最基本的权利呀！怎么可能不用。

下面我就举一个子类覆盖了父类非抽象方法的经典场景。例如，基类 Person 有个计算工资的方法：

```
public class Person {
    abstract Double CalculateSalary(); // 此时是抽象方法
}
```

里面的 CalculateSalary 是抽象函数，那就要求 Person 的每一个子类角色，都要实现自己的计算工资的逻辑。可是在大部分角色里，计算工资的算法是一样的，代码是重复的：

```
public class Engineer : Person {
    // 和其他大部分子类的 CalculateSalary 的代码是相同的
    Double CalculateSalary() {
        doubld salary = GetBaseSalary();
        return salary;
    }
}
```

只有针对某些特殊角色，需要额外添点东西。例如 Manager，除了基本工资外，他还有奖金拿：

```
public class Manager : Person {
    Double CalculateSalary() {
        doubld salary = GetBaseSalary();
        return salary + bonus;
    }
}
```

这就意味着除了给 Manager 类的工资计算 CalculateSalary 确实有"小料"之外，其他子类的 CalculateSalary 的逻辑代码都是相同的。一旦大家计算工资的逻辑修改的话，也需要一个一个修改所有的子类。如何优化？

先把 Person 的 CalculateSalary 改成非抽象方法，并把大部分相同的工资计算逻辑当作基类的逻辑，即默认逻辑：

```
public class Person {
    // 变成了默认逻辑，大部分子类不需要再实现它了，除了 Manager 类需要重写
    Double CalculateSalary() {
        doubld salary = GetBaseSalary();
        return salary;
    }
}
```

这类应用场景其实蛮常见的。

最后总结：子类覆盖父类非抽象方法，是完全可以用的常规方法，一般不会出错。但有例外需要注意：如果外部对父类的行为已经形成了强烈的依赖关系，子类仍毫无顾忌地覆盖了父类的行为，且行动范围在父类行动范围之外，那么可能会违反里氏替换原则。

7.2　组合——朋友关系

当一个类 B 的对象定义为另一个类 A 的成员变量时，这两个类就是组合关系，俗称 A 拥有了 B。例如：

```
class A {
    public B b;
}
```

网上对继承和组合的比喻很好：继承代表"我是一个***"，而组合代表"我有一个***"。而"我有一个"比"我是一个"要灵活得多！但是这种比喻不能很好地让读者区分应用场景的问题。

本节中，我们主要解释以下两个问题。

❑ 什么场景下用继承？什么场景下用组合？
❑ 适用组合的场景下，组合比继承好的原因在哪里？

7.2.1　组合与继承的区别

我们先谈谈继承的作用。从单个子类来看，它从父类派生出来，无非实现如下两个目的。

❑ 目的一：在父类的基础上添加新的功能。
❑ 目的二：修改（重载）父类的某些功能。

可这两个目的，组合也完全能够实现。

假如某编剧正在构思一个超人的故事，我们先定义一个 Person 类：

```
public class Person {
    private int age;
    private string name;

    public Int GetAge() {
        return this.age;
    }
    public Int GetName() {
        return this.name;
    }
}
```

再定义一个超人 SuperMan 类，这时候它其实有两种实现方式，第一种是继承：

```
class SuperMan : Person {
    // SuperMan 拥有普通人所有的能力，还额外添加了某些超能力
    public void SuperPower();
}
```

第二种是组合：

```
public class SuperMan {
    Person person; // 组合一个普通的 Person 成员变量
    // 可以看到，借助组合 Person，SuperMan 具备普通人类 Person 所有的能力
    public Int GetAge(){
        return person.GetAge();
    }
    public Int GetName(){
        // 能改变基类 Person 的某些功能
        return "SuperMan " + person.GetName();
```

```
    }
    // SuperMan 还能拥有普通人不具备的能力
    public void SuperPower();
}
```

到目前为止，相比组合，继承能够省去雷同的方法定义，其实更好些。不过现在框架太简单，故事没有展开呢。关键还要看后续剧情如何发展。

如果编剧灵感全无，只能靠以前的故事混饭吃，说："我们搞个大杂烩，拍个'超人大战蝙蝠侠'的电影吧。"于是要定义一个和 SuperMan 并列的蝙蝠侠 BatMan，这时候通过继承更符合剧情需求：

```
public class SuperMan : Person, ISuperPower{
}
public class BatMan : Person, ISuperPower{
}
```

每个子类拥有自己独立的身份。多个子类出现后，**通过继承和多态从而产生动态的效果，这是组合做不到的。**

但如果编剧灵感一来，说我们可以设计一个全新的超能力者 TouchMan，他触碰了其他的超能力者，原有能力会被新的超能力所替换，多酷！这时候通过组合来实现 TouchMan 才能满足剧情需求：

```
public class TouchMan : Person, ISuperPower {
    ISuperPower touchedPerson;
    public void SuperPower(){
        touchedPerson.SuperPower();
    }
}
```

接着，我们可以让它分别拥有 SuperMan 和 BatMan 的能力，我们需要在外层进行组装，这也是组合的必要步骤：

```
TouchMan touchMan = new TouchMan();
touchMan.touchedPerson = superMan;
touchMan.SuperPower(); // 展示超人的能力
touchMan.touchedPerson = batMan;
touchMan.SuperPower(); // 展示蝙蝠侠的能力
```

可以看到，TouchMan 的能力是不可预知的，借助组合的力量在运行时动态拼装，TouchMan 有可能获得任何其他超能力。所以组合的优势在于，**能够实现一个并不固定某具体功能的类。**

组合和继承并不是完全互斥的技术，它们之间既相互融合，也相互合作。其实严格说来，TouchMan 是"组合 + 继承"共同实现的，因为里面的 touchedPerson 要通过继承和多态实现超能力。

7.2.2   组合和继承的联系

这里我们继续深入研究继承和组合。组合指的是 A 包含了 B，是横向关系；继承指的是 A 继承于 B，是纵向关系。两者表面上显得井水不犯河水，但从本质上看，继承可以说是一种极为特殊的组合！

假设 B 是 A 的子类：class B : A。大部分语言的实现原理一般都是，B 里面有个隐藏的指向基类 A 的指针，如图 7-1 所示。

图 7-1 B 类继承于 A 类

这其实就是组合关系。通过这种"组合"关系，B 类才具备了 A 类的所有主要功能，只是这种"组合"有两点特殊。

- 组合的对象是父类，是不能替换的。正如每个人可以选择自己的配偶，但不能选择自己的父母。
- 继承里的重写函数，可以在运行时支持动态的多态特性。

所以，继承失去了更换搭档的自由，也失去了组合最重要的特性。我们只能说编译器通过组合的语法实现了继承，但继承已经不再算组合了。

7.2.3 策略模式——组装车间

组合的应用范围是极其广泛的，我认为大名鼎鼎的策略模式是组合最经典的应用，下面举例如下。

业务需求：公司里给每个人算薪水，其算法是不一样的。例如，进公司两年以内的，有住房补贴等；中层员工有一笔额外的半年奖金可拿；领导呢，奖金要和部门业绩挂钩。

因此，就会有一个专门负责计算工资的类族：

```
interface ICalculateSalary {
    double CalcalateSalary(double baseSalary);
}
```

有很多子类实现了这个接口：

```
public class CalcJuniorSalary : ICalculateSalary // 计算新入职员工的薪水
public class CalcSeniorSalary : ICalculateSalary // 计算中层员工的薪水
public class CalcManagerSalary : ICalculateSalary  // 计算领导的薪水

// 接下来在 Employee 里，会有个 ICalculateSalary calcSalary 成员变量，
// 它专门帮忙计算 Employee 的薪水
public class Employee : Person {
    int employeeId;
    double baseSalary;
    ICalculateSalary calcSalary;
    public void SetCalcSalary(ICalculateSalary calculateSalary) {
```

```
            this.calcSalary = calculateSalary;
        }
        public double CalculateSalary() {
            return calcSalary.CalcalateSalary(this.baseSalary);
        }
    }
```

既然是组合，那么一定少不了组装的步骤，于是先在外层"车间"进行组装：

```
void main() {
    // 给一个新员工计算薪水
    Employee employee = new Employee();
    employee.SetCalcSalary(new CalcJuniorSalary());
    print(employee.CalculateSalary());
    // 晋升为资深员工，给资深员工计算薪水
    employee.SetCalcSalary(new CalcSeniorSalary());
    print(employee.CalculateSalary());
    // 后来他升为领导了，给领导计算薪水
    employee.SetCalcSalary(new CalcManagerSalary());
    print(employee.CalculateSalary());
}
```

可以看到，策略模式中的特点：运行期间，策略模式在每一个时刻只能使用一个具体的策略实现对象，但可以动态地在不同的策略实现中切换。能如此灵活的原因就在于组合。

如果使用继承呢？那你有的受了，需要定义 3 个 Employee 子类：

```
public class JuniorEmployee {
    CalcJuniorSalary calcJuniorSalary; // 直接声明匹配的子类
    public double CalculateSalary() {
        return calcJuniorSalary(this.baseSalary);
    }
}
```

此外，还有：

```
    public class SeniorEmployee {
        ......
    }
    public class ManagerEmployee{
        ......
    }
```

外层使用时，不用动态设置 Salary 的算法，但要创建 3 个 Employee 子对象，你可能需要保证这 3 个对象的员工号 EmployeeId 是相同的（因为是同一人变了身份而已），这个逻辑先省略：

```
void main() {
    // 给一个新员工计算薪水
    Employee employee = new JuniorEmployee();
    print(employee.CalculateSalary());
    // 晋升为资深员工，给资深员工计算薪水
    employee = new SeniorEmployee();
    print(employee.CalculateSalary());
    // 晋升为领导，然后给领导计算薪水
```

7

```
employee = new ManagerEmployee();
print(employee.CalculateSalary());
}
```

细心的读者可能会有疑问：到目前为止，组合和继承这两种方法似乎相差不大。如果使用继承，那么为了区别工资的算法，需要定义 3 个子类。但使用组合，也有 3 个 Calc***Salary() 策略类啊。至少，它们的类数量是一样的！

好吧，姑且不说类和类之间也有重量级和轻量级的区别（实体对象和值对象），SeniorEmployee 类明显比 CalcSeniorSalary 类显得重。

接下来，关键点来了：需求还没有完！此时又来了一个计算假期的方法需求。根据每个人是否已婚、工作年限的不同等，又是一套独立的算法，这套算法也有 3 种。此时业务上允许两套算法两两组合，产生多种不同的变化。

用组合则有 3+3=6 种子类，算的是加法，比较得体地应付了这种变化。此时还用继承实现，则需要定义 3×3=9 种子类。可见，这种需求场景用继承 i.am 的方法也能实现，但比 i.have 笨重多了。

继承好比雕版印刷，而组合好比活字印刷。活字印刷的普及，让人类文明的发展走向了快速传播的道路，意义重大。所以掌握了组合，能让你的架构能力往前大跨一步。

总结一下：组合是实现策略模式的关键，但策略模式照样需要继承的支持。但是主体架构依然是组合，继承是发生在分叉中的故事。

7.2.4　组合的总结

关于组合，总结如下。

❑ 描述两个对象之间的关系是用继承还是组合，关键是判断功能之间是否有相关性。通俗点理解，就是先问问自己："我是它？还是我有一个它？哪个更贴切？"

❑ 组合模式在外层有个隐形的帮手！也就是组装者。众多的组合情况是由外面的组装者来帮你们组合的。灵活性之所以能发挥作用，是因为组合模式能让外层方便地按需为你组装。

不知道大家是否意识到我对组合的介绍隐含了一个前提：

```
class A {
    public B b;
}
```

A 对 B 的组合中，如果 B 是一个普通子类，那么这种普通组合并不能带来多大价值，不是我们讨论的目标。如果是 B 的抽象基类的话，那么这种组合才能借助抽象性而实现动态性。继承只能绑定于具体。

❑ 我统一将"我有一个"的关系称呼为组合关系,其实是不够准确的。组合关系还能继续
细分"关联""聚合""组合"关系。它们的主要区别是对象之间的生存周期关系,具体
不再细谈。但它们的主要代码结构是一样的,就是 A 类含有一个 B 类对象。这种结构的
用法,希望能深深植入每个程序员的脑海里。

7.3 依赖——情人关系

依赖是对象之间最隐蔽的一种关系,好比暗地里的情人一样,经常被人忽略难以察觉。

它在代码中的结构很简单,就是 B 类作为 A 类某种函数的一个参数,例如:

```
public class Girl {
    public void WatchMovie(Boy boyfriend);
}
```

我们就讲 Girl 依赖于 Boy。

7.3.1 依赖和组合的差别

大家有没有想过,依赖和组合的差别在哪里?如果上例用组合来实现:

```
public class Girl {
    Boy boyfriend; // 这是组合
    public void WatchMovie();
}
```

哪个更好呢?这个例子里,我认为明显是依赖要更好。因为男女朋友是明显的依赖关系,男
朋友是可以更换的。如果将"男朋友"替换成"爸爸",结果就会不一样:

```
public class Girl {
    Father father;
    public void WatchMovie();
}
```

爸爸是你这辈子不能替换的,所以放在 Girl 类里面作为一个常驻的数据成员会更好。从这
个例子可以看出,组合代表的关系比依赖更紧密。

实际上,继承、组合和依赖所代表的关系,其紧密程度是依次降低的。关系越松,越能产生
灵活性。因此,组合比继承灵活,同时依赖明显比组合更松散、更灵活。

但现实情况中,对象之间的紧密关系并不像"男朋友"和"爸爸"那么好判断。所以,依赖
和组合在应用场景上存在相当程度上的重叠。例如,在上面算工资的案例中,我也可以用依赖关
系来实现。从最初的组合关系:

```
public class Employee {
    ICalculateSalary calcSalary;
    public double CalculateSalary() {
        return this.calcSalary.CalcalateSalary(this.baseSalary);
    }
}
```

变成依赖关系：

```
public class Employee {
    public double CalculateSalary(ICalculateSalary calcSalary) {
        return calcSalary.CalcalateSalary(this.baseSalary);
    }
}
```

单就这个案例，我确实更喜欢用依赖来实现。至少调用更简单明了，从原来的两句话：

```
employee.SetCalcSalary(new CalcJuniorSalary());
employee.CalculateSalary();
```

变成一句话就搞定：

```
employee.CalculateSalary(new CalcJuniorSalary());
```

但此处用依赖或组合也是完全没有问题的。那是不是所有的组合代码都可以转为依赖代码呢？显然不是。依赖和组合之间还有一道不可逾越的鸿沟。

组合和依赖的核心区别是 A 是否拥有 B 的一个对象实例，组合有，依赖则没有。是否拥有这个实例对象所产生的影响是深远的。因为组合里的这个对象是可以持久的，并且是状态相关的。如此可以推演，以下情况是组合能做到而依赖做不到的：组合里，A 可以先初始化 B 的实例，却并不急于马上调用 B，我可以等到合适的时候再调用。这点依赖做不到，依赖必须在该函数执行期内去使用，否则对象被销毁，便过期了！

例如，上面计算工资的案例，组合方式可以实现先设置算法种类，并不急着马上计算工资。而依赖方式，则必须马上算出来。

那么，有没有依赖能实现而组合却实现不了的情况？

我认为没有这种情况，顶多组合实现的步骤多一些，笨重点。但是如果不需要状态相关的场景，那么我认为依赖要比组合显得更轻盈，大家还是不妨优先考虑用依赖。

7.3.2　迷人的双向依赖

讲完了组合和依赖的区别，我们继续讲讲依赖的使用技巧，也是最复杂迷人的对象关系：双向依赖。它和函数回调都给人一种翻花绳的感觉，让人眼花缭乱。接下来，我们睁大眼睛好好看看。

例如，Shape 类有个 Draw 方法，其参数类型是 Window：

```
public class Shape {
    void Draw(Window window);
}
```

然后，我在 MyWindow 类里也定义一个 Draw 方法，其实现如下：

```
public class MyWindow : Window {
    public void Draw(Shape shape) {
        shape.Draw(this);
```

```
    }
}
```

哈，注意了：MyWindow 通过依赖把 Shape 引用进来，紧接着又把自己通过 Shape 送出去！是不是有点晕？为什么搞这么复杂？直接让 Shape 调用自己不好吗？就这样：

```
shape.Draw(new MyWindow());
```

这样做当然很直接，但达不到原来那种偷梁换柱的效果。用户需要的是一个会 Draw 的 window，用户想这样调用：

```
MyWindow win = new MyWindow();
win.Draw(new Shape());
```

这里有两次依赖步骤。

❏ 让别人以为 MyWindow 也有 Draw 的能力。你看 MyWindow 定义的方法也是 Draw，明显是抄了 Shape 的方法名。

❏ 对外进行魔术表演：当 MyWindow 很潇洒地对外宣布它有 Draw 这个功能的时候，关起门来立马跪求 Shape：还是你来 Draw 吧，你才是真正的主角，我是冒充的！

这种双向依赖的伎俩，有很强的视觉迷惑性。但通过这样一倒腾，能产生很有趣的变化：两个对象在不知不觉间完成了主角和配角的位置互换——表面上是我拿你做参数，实际上是你拿我做参数！

7.3.3 扑朔迷离的访问者模式

双向依赖的这种伎俩在很多设计模式场合中都会用到。而用到这种伎俩的设计模式，往往难以理解，让人头晕目眩，需要反复研读多遍。明知山有虎，偏向虎山行。下面让大家练练脑力，介绍一个曾经让我扑朔迷离的访问者模式，顺便也把我对它的感悟分享给大家。

假如你有一组类——Shape 类和它的子类们：

```
public class Shape {
    abstract void Draw();
}
// Shape 有长方形、圆形和线条等子类
public class Rectangle : Shape
public class Circle : Shape
public class Line : Shape
```

如果要为所有的子类都添加一个 ZoomIn 方法，就是增加一个图形变大的功能，那么该怎么做呢？

我们当然可以在基类 Shape 里添加一个 ZoomIn 抽象方法，然后让所有的子类都实现这个方法。但是考虑到继承是最耦合的关系，而且要修改所有子类代码，动静太大，况且 ZoomIn 并没有引用新的数据成员，完全可以通过类扩展方法来实现（类扩展的概念在第 11 章里还会深入介绍）。

那么，我们为每一个子类都添加一个类扩展方法吧：

```
static void ZoomIn(Rectangle rect) {
    ...... // 实现 Rectangle 图形变大的逻辑
}
static void ZoomIn(Circle circle) {
    ...... // 实现 Circle 图形变大的逻辑
}
static void ZoomIn(Line line) {
    ...... // 实现 Line 图形变大的逻辑
}
```

类扩展是丝毫不影响原来类的代码的,是完全面向扩展增加的代码。但这有个老大难的问题:这种函数重载是不能在运行期间动态判断的。也就是说:

```
foreach(Shape shape in shapes) {
    ZoomIn(shape);
}
```

这种统一函数调用的代码看上去很美,愿望很好,但是编译不过。原因在第 8 章里有详细解释。

想要调用这些扩展方法,必须先枚举判断出每个 shape 子类的类型,并将其强制转换为该子类类型:

```
foreach(Shape shape in shapes) {
    if(shape is Rectangle)
        ZoomIn((Rectangle)shape);
    else if(shape is Circle)
        ZoomIn((Circle)shape);
    else if(shaple is Line)
        ZoomIn((Line)shape);
}
```

我几乎是捂着脸写完上面的代码的,因为太尴尬了,怎么办?访问者模式可以神奇地解决这个痛点。visitor 能在统一调用的代码框架下,帮每个 shape 子类找到对应的扩展函数,这也是"访问者"名字的由来。

(1) 在基类 Shape 里添加一个通用方法:AcceptVisitor。一看这名字中有 Visitor,就知道访问者模式来了。委托 Visitor 带领每种 Shape 去寻找对应的 ZoomIn 方法。Shape 类的代码如下:

```
public class Shape {
    abstract void Draw();
    abstract void AcceptVisitor(IVisitor visitor);
}
```

(2) 参数 IVisitor 又有什么作用呢? 它里面的内容和它的名字很匹配,主要列举了对所有子类的类扩展函数:

```
interface IVisitor {
    void Visit(Rectangle rect);
    void Visit(Circle circle);
    void Visit(Line line);
}
```

IVisitor 既然是接口，自然需要具体的子类去实现。我们再定义一个具体子类 ZoomInVisitor 来实现它：

```
class ZoomInVisitor : IVisitor {
    public void Visit(Rectangle rect) {
        // rect 变大的具体实现
    }
    public void Visit(Circle circle) {
        // circle 变大的具体实现
    }
    public void Visit(Line line) {
        // line 变大的具体实现
    }
}
```

(3) 实现每一个 Shape 子类的 AcceptVisitor 方法：

```
class Rectangle : Shape {
    public void Draw() { ...... }
    public void AcceptVisitor(IVisitor visitor) {
        visitor.Visit(this);  // 注意：这里，就是这里，双向依赖产生了！
    }
}
```

Circle 和 Line 类里也进行同样实现。

(4) 主框架搭建完毕，之后的主程序调用便轻松了：

```
IVisitor visitor = new ZoomInVisitor();
foreach(Shape shape in shapes) {
    shape.AcceptVisitor(visitor); // 这里终于能用统一函数去调用了，好爽
}
```

请注意：访问者模式有两次判断。

首先是 shape.AcceptVisitor 本身通过多态辨析出了 Visitor 具体的子类。

其次是 visitor.Visit(this) 里面，visitor 会反过来拿着 Shape 子类匹配到正确的 Visit 函数（这也是取名 Visitor 的原因）。其中双向依赖处于最核心的位置。

这非常巧妙地解决了 if...else 的问题，代码也很整齐、美观。

这就是访问者模式应用场景的前因后果。不知大家有没有留意，如此一顿折腾，可能有吃力不讨好的嫌疑。

我们重新复盘一下。当初之所以不采取在 Shape 基类添加 ZoomIn 方法，而是走上了子类扩展的道路，就是嫌修改基类以及每个子类的内部代码动静太大，但现在看来也差不多啊！

如今也在 Shape 基类里面开辟了一个新方法 AcceptVisitor，然后还让各个子类去实现该方法，动静大啊。既然这都不嫌麻烦，当初何不干脆在基类 Shape 里直接添加 ZoomIn 抽象方法，而让子类实现各自的 ZoomIn 逻辑。如此便能实现统一调用：

```
foreach(Shape shape in shapes) {
    shape.ZoomIn();
}
```

多简单！多直接！这样免去 IVisitor 和 ZoomInVisitor 类的定义。你用访问者绕了一大圈，图什么呢？这是很多网上资料没说明白的，却是最重要的点。图的就是应付不断的横向扩展需求！**注意：横向扩展的想象力是理解很多设计模式的关键。否则你总不理解简单的需求为什么要弄那么复杂。**

如果考虑到将来，你极有可能还要为所有 Shape 子类添加一个和 ZoomIn 并列的 ZoomOut 函数，也就是将图形变小的功能。怎么办？如果继续在基类里添加 ZoomOut 函数，那么你又要修改一遍所有的子类，依次添加 ZoomOut 方法，累不累？确实很累！但此时用访问者模式就不需要修改了。你只要添加 ZoomOutVisitor 类即可：

```
public class ZoomOutVisitor : IVisitor {
    public void Visit(Rectangle rect) {
        // rect 变小的具体实现
    }
    public void Visit(Circle circle) {
        // circle 变小的具体实现
    }
    public void Visit(Line line) {
        // line 变小的具体实现
    }
}
```

最后，主函数对 ZoomOutVisitor 和 ZoomInVisitor 的调用是完全一样的，只需要将初始化语句：

```
IVisitor visitor = new ZoomInVisitor();
```

修改为：

```
IVisitor visitor = new ZoomOutVisitor();
```

后面的调用是一模一样的，总体为：

```
IVisitor visitor = new ZoomOutVisitor();
foreach(Shape shape in shapes) {
    shape.AcceptVisitor(visitor); // 能用统一函数去调用
}
```

图 7-3 描绘了一个完善的访问者模式架构图。其中 Other Visitor 表明该架构支持多个访问者的扩展。这才是访问者模式的真正优势！如果你的系统只需要一个 Visitor 子类的话，那么可能是过度设计了。

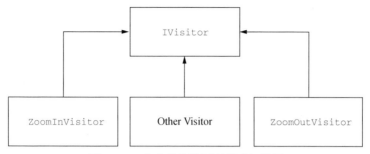

图 7-3　一个完善的访问者模式架构图

本来到这里就可以结束了，但我还想再引申一个话题。

有些语言支持运行期间 dynamic 动态绑定的特性（第 10 章有详细案例介绍），此时我最初的需求（也就是众 Shape 子类们的扩展函数）能直接走 dynamic 这条路，这很简洁：

```
static void ZoomIn(dynamic Rectangle rect);
static void ZoomIn(dynamic Circle circle);
static void ZoomIn(dynamic Line line);
```

紧接着，便可以愉快地统一调用：

```
foreach(Shape shape in shapes) {
    ZoomIn(shape); // 这才叫简单加直接啊
}
```

如果想再支持 ZoomOut，也可以：

```
static void ZoomOut(dynamic Rectangle rect);
static void ZoomOut(dynamic Circle circle);
static void ZoomOut(dynamic Line line);
```

然后，在统一调用的模块里稍作修改：

```
foreach(Shape shape in shapes) {
    if(isZoomInMode)
        ZoomIn(shape);
    else
        ZoomOut(shape)
}
```

在我看来，如果运行时支持 **dynamic** 特性，那么访问者模式基本可以抛弃了。或者说，访问者模式被一种更精炼的方法实现了。其实随着各种语言的发展，被抛弃或半抛弃的设计模式不只访问者模式一个。所以，不要拘泥于设计模式，要从需求的本质看问题。

访问者模式总结：访问者模式的本质是对一族类的批量类扩展。它适用于类层次结构稳定，而其中的操作却经常面临频繁改动的应用场景。dynamic 动态绑定能更高效地实现批量类扩展。访问者模式虽然大家用得比较少，但是里面的架构技巧值得反复斟酌。

本节还提到通过横向扩展去理解设计模式的技巧。对这一点再补充几句，IT 圈有句格言"Talk is cheap. Show me the code"，这个方法很好，但唯独在初步理解设计模式的时候不适用。

这好比很多形态各异的树，种子都差不多，要等长大一些才能显示出不同。运用在具体环境之下的设计模式好比是这些树，但初学者的学习资料仅仅是种子代码，只能通过种子去"管中窥豹"，难度很大，所以需要到位的文字描述帮助你去建立想象。

7.3.4   依赖的总结

依赖比组合更灵活、更轻量级，适合于无状态的函数调用。

双向依赖是依赖的高级应用，它能让主语和宾语身份互换，从而达到一些功能互通的效果。

7.4   总结

继承不能滥用，有里氏替换原则在时刻监督你。

组合最终的具体功能是动态决定的，动态性来源于外层的组装过程。

普通的依赖比组合更轻量级，但不具备组合的状态持久性。双向依赖是依赖的高级应用，能达到双方里外反转的魔幻效果。

本章介绍了里氏替换原则。此外，还有一些原则，比如开放关闭原则、单一职责原则、依赖倒置原则和接口隔离原则等，它们分散在本书其他章节中。

另外，本章还深度解析了"策略模式"和"访问者模式"。设计模式并不是本书中讲解的重点，且相关资料也很多。本书主要集中在比设计模式更基本、更细粒度，使用频率更高的一些编程技巧。

第 8 章

函数的种类——迷宫的结构

相比数据的种类，函数的种类区分相对隐晦，没那么直观。但沉下心细细分析各种函数特性时，会发现其中的奥妙耐人寻味。本章对函数进行各种角度的分类和剖析，目的不是让大家了解这些分类的概念，而是加深对函数的理解。

8.1　面向对象的函数叫方法

函数和方法这两个概念有什么区别呢？一般来说，方法是特殊的函数，是面向对象性质的函数。所以，在非面向对象的 C 语言里，只有函数，没有方法。那么，面向对象的语言呢？例如：

```
class Person {
    public void Drive();
}
```

这里的 Drive 叫类成员函数。有的语言嫌这个名字太长，就简称为"方法"，如 Java 和 C# 等。有的语言要求更严格一点，必须是动态化的虚函数才能称为"方法"，如 C++。有的语言更神奇，必须绑定某对象实例的函数才能叫方法，这都是运行后才决定的，如 Python。

虽然在各大语言里它们稍有出入，但大体来说，方法是一种面向对象性质的函数。

这种概念稍微了解就行，对提升编程技巧没什么作用，弄混了也无妨。

8.2　参数是函数的原材料

函数好比加工厂，而参数是函数的原材料；给工厂不同的原材料，则生产不同的产品。有参数的函数是最普遍的函数形式。下面分两个部分来探讨。

8.2.1　参数在函数中的地位

大部分情况下，参数仅仅是这个函数的原材料，它完全为了函数而服务。例如，求和函数：

```
int Sum(int a, int b);
```

这里的参数 a 和 b 都是原材料，输出的两数之和是加工的成果。

但在有些场景下，其参数才是主角（一般处于第一个参数的位置），此时这个函数是为了增加这个参数的功能，针对该参数而量身打造出来的。了解该知识点对架构设计很重要，第 11 章会详细介绍，这里就先不介绍了。

8.2.2   参数存在的形式

一个函数可以有多个参数，但多个参数并不是表达这些数据的唯一形式。每个函数的参数集合都可以对应成一个散列表。key 值就是参数名，value 值就是对应的参数值。也就是说，所有函数的参数都可以抽象成统一的格式：

```
Function(Hashtable table);
```

这一招有时候能解决大问题。因为一旦把参数抽象为散列表的格式，你会发现这会衍生出一个非常大的好处：你为函数继续添加输入数据，是不需要修改函数定义的。在第 13 章里，对这个知识点还有专门的案例介绍。

说到这里，不得不提一个叫作"可变参数"的特性。这是几乎所有语言都支持的函数特性，能支持参数的个数不确定。以 C 语言举个例子：

```
int Sum(int a, int b, ...);
```

后面的...代表你能输入若干个参数，个数不固定。那么，参数类型的问题，大家是怎么解决的？那就各显神通了。有的语言的思路是：既然函数定义里没有指明类型，那么一定需要在函数内部逻辑里，根据业务需求决定是否对每个特定位置的参数类型挨个进行预判。有的干脆限制可变参数只能是同一种类型，这样功能虽然受限但是使用简单，如 Java：

```
print(String... args); // 表明个数虽然不固定，但是类型必须都是 String
```

对比散列表和可变参数这两种形式，我更喜欢散列表的形式，理由如下。

□ 可变参数内化成了一个数组或列表。很明显，散列表比数组多了一个 key 值，而 key 值在这里是宝贵的参数名，提高了易读性。

□ 由于没有参数名的区分，可变参数之间的顺序经常存在耦合，需要依靠顺序来区分它们。而散列表通过 key 值直接存取，再胜一筹。

□ 可变参数是非面向对象的思路，而散列表是面向对象的。

虽然散列表更具优势，但说一千道一万，可变参数有一个大大的好处：用起来灵活、方便！这同时也是其他一些非面向对象的技术还能顽强生存的原因。例如，游离在类之外的全局变量，还有函数指针等。这些非面向对象的技术仅仅是被压缩了生存空间，并没有完全消亡。

8.3   返回值对函数的意义

我们从有没有返回值的角度区分，可以将函数划分为两类：

□ 有返回值函数；

□ void 函数。

8.3.1　有返回值函数

理想情况下，函数的返回值是这个函数最终的唯一目的。这种函数是极好的，例如求和函数：

```
int Sum(int a, int b);
```

但现实是骨感的，往往一个函数承载着多重任务，所以返回值只能算是函数的主要目的之一。例如：

```
Student GetBestStudent(Student[] students, out double score)
```

该函数的目的是找到最优秀的学生，但同时也得到这位学生的成绩 score（这是一个输出参数），也算是第二目的。你甚至可以把 Student 返回值也定义为一个普通参数：

```
void GetBestStudent(Student[] students, Student student, out double score)
```

student 是引用类型，**里面的更改能同步到外面的 student 原数据**，在功能上可以当作输出参数。这么来看，函数的返回值其实和普通参数没有本质区别，它完全可以被一个输出类型的参数来代替。但由于返回值是这个函数的最主要目的，在一堆参数里，就没那么显眼，没法突出它的重要身份，也影响用户的阅读思路，这才把函数头部的位置让给它。

不过计算机语言日新月异，越来越多的语言支持了元组这个概念。元组相当于一个匿名的结构体，可以包含多项内容。例如(int, string)表示一个 int 和一个 string 组成了一个元组。这确实是个好东西，它把返回值只能代表一个输出参数的局限性抹掉了。于是可以优化为：

```
(Studuent, double) GetBestStudent(Student[ ] students)
```

这里的返回值是个元组，是最终的唯一目的，很棒。元组的出现，也顺道消灭了输出类型的参数。

可有一类返回值，它既不是最终目的，也不是主要目的，只是表达一种辅助状态。例如：

```
public bool UpdatePerson(Person person);
```

这个 bool 类型的返回值只是说明 UpdatePerson 有没有执行成功。很显然，这不是函数的主要目的。而关于这种返回值的必要性，下一节会继续讨论，请接着往下看。

8.3.2　void 函数

void 代表无返回值。void 单词的本意是空虚、空洞的意思。虽然 void 函数是表面上很空洞，但暗地里的内涵很有意思，一点也不空洞。

想想看你在什么场景下会定义一个 void 类型的函数（参数都是输入数据，并不作为输出类型参数）？最常见的有 void Init();或者 void Setup();之类的初始化函数，也有 void StartTask();之类的启动任务。

再接着想，所有这些场景是不是加上一个 bool 类型的返回值更好？比如上一节介绍过的：

```
public bool UpdatePerson(Person person);
```

通过 true 或 false 至少能说明执行到底是成功还是失败，这又没有什么副作用，为什么不加呢？我相信大家即使没有往这方面去深入思考，也一定被这两个选择困扰过。

这个质疑一旦成立，那就不得了。这意味着所有 void 函数的设计可能都有问题，最好替换为 bool 返回值。反正多一个 bool 型返回值至少没有坏处，你可以不用嘛。

但现实中这么多的经典代码告诉我们，明显不是这样的。到底是哪里我们了解得不够透彻呢？void 啊，你到底意味着什么？这里把 void 代表的内涵给说透。它代表着两种内涵，每个 void 函数具备其中之一，也可能两者都具备。

内涵一：void 首先代表的是最强烈的信任关系！

所谓疑人不用，用人不疑。达到用人不疑的程度，自然可以不用事事过问。就好比 void StartTask();中的 void，它就意味着：你相信这个 task 一定能完成，所以给它定义成 void。这个 void 好比是个信用章，刻在 StartTask 函数的头上，熠熠生辉。

但是接着会出现下面这个问题：你能相信他，我不一定相信他啊！我就特别想知道它到底成功没有，怎么解决？

没办法解决。既然做不到"用人不疑"，那只能"疑人不用"了。这种情况下还是添加 bool 返回值比较合适，此时将 StartTask 这类函数定义成 private 的情况比较多：

```
private void StartTask();
```

这样我对你的信任我自己说了算。而定义成 public 的应用场景比较少，一般是绝对不可能发生错误的场合。例如：

```
public void SetName(string name) {
    this.name = name;
}
```

如果函数有出错的概率，那么添加一个 bool 返回值为好。

内涵二：void 代表的是最强烈的依赖关系。

例如 void init();初始化函数定义成 void 的潜台词是：不是我特别信任你，而是如果你失败了，接下来我将没有任何意义。我们俩是一条绳上的蚂蚱，场景举例如下。

如果定义为 bool init();，我调用并判断 init 函数：

```
if(init() == false) {
    // 场景分析：如果 init 失败了，我也没有办法对调用者交差，这已经是最坏结果了
    // 所以这个 false 分支对我来说是没有任何意义的
}
```

8.4 值传递、引用传递和指针传递

这是编程的一个基本知识点：值传递和引用传递到底有什么区别呢？其实还可以加上一个指针传递。如果单独学习一门语言的话，这道题并不难解。奇怪的是像我这样学习了多种语言，深

入了解到一定程度之后，反而被困住了。似乎各种语言在争夺概念定义权，这导致这些概念反而不容易理清楚。

先说我之前的困惑：C++ 完整实现了三种传递方式，但 Java 和 C# 等只实现了两种——值传递和引用传递。关键是 Java 和 C# 里的引用传递其实用的是指针传递的方式，但名字也叫作引用传递。为什么？

接下来，详细将一捋其中的细节。

- **值传递**最简单。传过去的数据永远是原始数据的复制版本，满足这个就是值传递。这样对数据的作用力是单向的，我永远不用担心输入的数据会被修改。但缺点是效率低，因为动不动就需要复制数据。
- **指针传递**。严格来说，它与值传递和引用传递并不是同等级的概念。如今，值传递和引用传递上升到了"实现标准"，而指针传递是一种具体技术。例如，void swap(int *a, int *b);是很典型的指针传递的函数。

  有意思的是，a 和 b 是两个指针，但是这两个指针本身的值却是通过值传递传入函数内部的（这也是常把初学者绕晕的点）。可见，指针传递是通过值传递来实现的。更有意思的是，指针传递又是为了实现简化版的引用传递。所以 void swap(int *a, int *b);函数里的故事情节是这样的：通过由值传递实现的指针传递让 swap 函数具备引用传递的特性。

- **引用传递**。重点来了，这和大部分语言里的引用概念不一样。因为只有 C++ 有"真引用"的概念，其他大部分语言的引用是指针伪装的。

  C++ 里的引用之所以称为真引用，是因为它完完全全实现了"对你的任何修改，都直接修改到我身上"。例如：

```
int k = 4;
int &q = k;
q = 8; // 此时 k 也会神奇地变成 8，这是指针做不到的
```

  而且 C++ 的引用是终身制，一旦绑定，不能解除。

很多语言（如 Java 和 C#）只是借鉴了 C++ 里引用传递的特性，你只要实现了"对你（形参）的任何修改，都会影响到我（实参）"就够了，我就认为你是引用传递了，是个简化版。它们的引用其实是通过更方便的指针来伪装的。怎么伪装呢？

首先，在语法上把指针定义的标识*符号抹掉了，例如把

```
Person *person = new Perosn();
```

变成：

```
Person person = new Perosn();
```

从此，person 让你用起来感觉和真的引用一样。并且还杜绝了在栈区创建对象的途径，让内存

管理方式更加统一。要知道，C++ 是可以在栈区创建对象的。

其次，限制你对指针本身进行操作。比如定义了 Person person = new Perosn()之后，你最多将 person 指针指向他人或进行清空操作（person = null;），但不能对指针本身进行操作，例如 person++;。

所以，指针传递和引用传递还是有区别的。如果传进来一个指针，那么你只对指针本身进行修改，而不是对指针的所指进行修改，那样就露馅了，尽管这种可能性很小。例如：

```
void changeName(Person person, string name) {
    person = new Person();
    person.Name = name;
}
```

这样并不能达到 changeName 的目的。可偏偏这样做是没啥需求场景的，一般人不会这么干。有谁没事老对指针本身进行修改呢？

所以，既然差不多能实现，就叫我"引用传递"呗。

引用传递的概念先聊到这，接着聊聊它的使用特性。大家知道引用传递的特性就是：函数对这个变量的修改会影响外面传进来的对象（说白了就是同一块内存，修改了对大家当然是同步的）。

为了节省内存空间，同时也确实没有必要为同一个对象创建那么多副本，于是有了引用传递。但引用传递的共享内存特点也会导致内存数据可能被经过的每个函数修改，所以这个特性有利有弊，我们享受效率提升的同时，也经常承受它的负面影响。值传递是彻底解决引用传递负面影响的首选，但它需要不停地复制，所以效率低下。也有语言（比如 Swift）非常大胆地让数组和散列表都变成值传递，并借助于 copy on write 的思想尽量提升效率，这是否能成为潮流，也只能看将来的发展了。

但一般来说，很难通过语法直接限制对引用类型所指空间的修改。即便可以，也会导致不少副作用。这就对函数编写有额外要求了：尽量不要修改从参数传进来的引用数据，除非函数名有专门的体现！举例：

```
// 更改国籍
void ChangeNationality(Person person, string nationality) {
    person.Nationality= nationality;
    persion.Location = nationality; // 顺便把居住地也改了
}
```

我只是更改国籍，居住地不一定会变。所以，这样改要么是 bug，要么最好在函数名上能有体现：

ChangeNationality --> ChangeNationalityAndLocation 这是精益求精的态度。

8.5   有状态函数和无状态函数

先定义一下什么是"无状态函数"。

- 多次调用同一个函数，每次调用都是彼此独立的。每次调用不受前面调用的影响，也不会影响后面的调用。
- 如果输入是一致的，那么输出也是一致的。

这就是无状态函数。反之，就是有状态函数。

不引用任何外部变量或资源的纯函数当然是无状态函数，但是无状态函数不一定是纯函数。因为无状态函数可以访问外部资源，只要这些外部资源是恒定不变的即可。想要实现无状态函数，必须满足两个重要条件。

- 必须在函数参数里包含函数需要的所有数据。
- 函数内部可以引用共享资源，但这些共享资源是不变量。

下面举一个有状态函数的例子：

```
class MovieService {
    Movie movie = new Movie("大话西游");
    User user;
    void RegisterVIP(User user) {
        user.setVIP();
    }
    // ShowMovie 函数是有状态的，它依赖于全局的 user 资源，需要 RegisterVIP 提前给 user 设值
    bool ShowMovie() {
        if(user.isVIP() && movie.hasLicence()){
            Show(movie);
            return true;
        }
        else
            return false;
    }
}

// 外部调用如下
MovieService service = new MovieService();
service.RegisterVIP(new User());
service.ShowMovie();
```

如果修改成为无状态函数，会是这样：

```
class MovieService {
    // 去掉了 movie 成员变量和 RegisterVIP 函数
    // ShowMovie(User uesr)函数是无状态的
    void ShowMovie(User user, Movie movie) {
        if(user.isVIP() && movie.hasLicence()){
            Show(movie);
            return true;
        }
        else
            return false;
    }
}

// 外部调用如下
```

```
MovieService service = new MovieService();
Movie movie = new Movie("大话西游");
User user = new User();
user.setVIP();   // 本在 service 里的赋值在调用端做了
service.ShowMovie(user, movie);
```

对比有状态和无状态的 MovieService 代码以及各自的外部调用，可以得知无状态函数的优势如下。

□ 无状态函数的结果是稳定的、可预期的。只要你提供的 user 和 movie 是相同的，那么结果就是一样的。每次都可以放心调用 service.ShowMovie(user, movie)，你无须关心之前是否调用过 service.RegisterVIP(user)。

□ 可以放心地支持多线程并发。如果是有状态的，那么多线程同时修改 user，逻辑极度混乱。

无状态函数适合作为对外发布的服务，尤其是那种你不知道用户是谁的情况（广为流传的 HTTP 协议正是基于无状态的）。你没有办法让每个用户知道：必须先调用 service.RegisterVIP(user)，再调用 service.ShowMovie()。那就索性把准备数据的任务全部扔给调用端，让调用端准备好再一次性全部给你。

这将引发另外一个讨论点：上面的例子里，我们把函数肚子内的不变量移到函数嘴边作为参数，这让函数更具通用性。类也同理，我们多定义几个可以被注入的属性，这个类也变得更通用。通用模块也是如此，当你自己封装一个通用的服务模块时，要懂得适当放权。如果执著于"尽量多地替用户完成各种任务"，什么都想自己干，反而干不好。因为你没有办法涵盖用户的方方面面，倒不如让每个人自己选择来得实在。

但同时要防范物极必反，如果处处都将不变量移出去，你的模块将会损失易用性，导致用户难以使用或出错。这也是所有人都不想看到的。那么，该怎么办呢？这里给大家两个招数。

□ **招数一**。将通用的不变量移进函数内部。如果有些确实是不变量，那么没有必要存在于对外的接口中，这没有疑议。但现实中往往情况会很复杂（这种选择其实大家经常会遇到）：有些变量发生改变的可能性微乎其微，几乎是不变量。我们需要为了这种微乎其微的变化而损失整个模块的易用性吗？这需要架构师权衡了。如果想保留所有的变化，又不损失易用性，那么招数二将是你的不二选择。

□ **招数二**。双层架构的定义。我们在底层尽可能将所有变量都暴露出去，在这之上再架构一层定制化服务（可以有多个）。这些定制化的服务完成的都是底层的子功能，会将某些变量替换为不变量。这些定制化服务是面向最终用户的，如此通用性和易用性都得到了保障。在 11.3.5 节中，我们将通过案例详细介绍定制化服务。

8.6 静态函数和普通函数

有一道比较流行的关于 static 静态函数的面试题：有什么方法让一个类里的 static 函数去访问普通成员函数呢？

　　确实很多人会蒙了：我记得普通函数是可以直接调用 static 函数的，但没听说 static 函数能调用普通成员函数呀！

　　答案为我们在类里先定义一个 static 单例，然后 static 函数可以通过这个单例去访问类里的 public 成员函数：

```
class Factory {
    static Factory SharedFactory;
    static public Car[] ProduceCars() {
        Array cars = new Array();
        cars.Add(SharedFactory.ProduceCar());
        cars.Add(SharedFactory.ProduceCar());
        return cars;
    }
    public Car ProduceCar() { ...... }
}
```

　　表面上思路很巧妙，但我不喜欢这道题。首先答案的做法并不能访问该类的 private 函数，所以和题目的本来含义是有出入的。其次，它会让你理解 static 的特性更困难了：**static 函数和变量对类的关系本质上是一种松绑定的关系。**

　　普通类的成员方法是这个类的家人，对这个类忠心不二；而 static 方法是这个类的旅客，此处待着不合适，我换一家待着便是。

　　其实例子里的 static Factory SharedFactory 和 static public Car[] ProduceCars() 可以转移到任何其他类里面，例如 Helper 类。当你通过 Helper 类访问 ProduceCars() 时：

```
Helper.ProduceCars();
```

你会猛然发现，答案里所谓的实现只不过是很普通的 static 函数调用而已，没什么巧妙的。所以，我认为下面这道面试题可能更有意义：能否实现一个定义在父类里也可以让子类使用的 static 函数？

　　大家都知道，static 函数和 static 数据是不能继承的，例如：

```
public class Person {
    static public void Drive(Car car);
}
// 而 Student 类继承自 Person 类
public class Student : Person
```

但 Student.Drive(car) 是编译不过的。因为毕竟父子有别，Drive 只属于父类 Person，根本不属于子类 Student。该怎么实现呢？如果你添加一个参数 person 到 Drive 函数中，神奇的事情发生了：

```
public class Person {
    static public void Drive(Person person, Car car);
}
```

此时根据里氏替换原则，参数中的 person 可以被子类透明替换：

```
Person.Drive(student, car);
```

这便实现了子类 student 使用父类 static 功能的要求。这其实是通过 static 函数实现了类扩展。而类扩展函数对基类和子类都是有效的。类扩展的知识点会在第 11 章中深入介绍。我相信大家读完之后,一定会对 static 这件神秘武器有所了解。

8.7   能驾驭其他函数的函数

有的函数的参数类型或者返回值是函数指针(本书套用 C 语言的术语,泛指所有语言类似的功能),这类函数叫高阶函数。它的行为更具变化,让你一眼无法望穿。它能驾驭别的函数,更为智能。这个知识点也是每个程序员成为架构师的道路上必须驯化的一匹野马。

由于高阶函数在第 9 章里会有介绍,这里就不详谈了。

8.8   编译器做过手脚的函数

有些函数,编译器会特地给它们整容,让它们显得更优雅。但无论表面怎么优雅,你要明白这仅仅是语法糖。当然,语法糖不是个贬义词。这个词,不要小看,有的语法糖就比蜜还甜,能甜到心里。

8.8.1   函数重载

在很长一段时间内,我一直以为函数重载能抽象代码,是替换掉 if...else 的好手段。

假设 Person 类里定义两个同名不同参的函数:

```
class Person {
    public void Analyse(int a);
    public void Analyse(float a);
}
```

那么调用的时候,无论针对 int a,还是 float b,我都可以在主函数里无差别地统一调用 person.Analyse(a);来完成,这样就不用先判断数据类型再访问不同的函数了。

单看局部代码,确实像这么回事。但你从头到尾把函数写完,发现不是那么一回事。例如:

```
void main() {
    Person person = new Person();
    int a = 10;
    person.Analyse(a);
    float b = 10.1;
    person.Analyse(b);
}
```

虽然是同一个单词 Analyse 对应多个方法,但是只能根据一个个独立的数据类型——调用,并且无法合并到一个循环体里(也就无法实现第 6 章介绍的数据驱动)。本质上,调用 Analyse 方法之前,需要了解具体的数据类型,所以是耦合的。上面的 Person 类和下面的代码并无差别:

```
class Person {
    public void Analyse_int(int a);
    public void Analyse_float(float a);
}
```

也就是说，用这个 Person 类的定义替换上面的类定义是没有任何问题的，只需要原地替换对应的函数名（诸如 Analyse_int 等）即可。这既不会减少也不会增加代码的行数。实际上，编译器也是这么做的。

可能还有人不理解，我们不妨做各种尝试让函数重载去处理动态数据。

尝试一：一个集合，里面装有 int 和 float 类型的数据。然后遍历该集合元素，接着将每个元素作为参数传入 person.Analyse 函数。倘若这样可行，说明函数重载对代码架构设计真的有跨越性的帮助。例如：

```
// array 里面包含了两个元素，第一个是 int，第二个是 float
foreach(var a in array) {
    person.Analyse(a);
}
```

可惜这种写法是通不过编译器审查的。因为 a 是 object 类型，不拆箱的话，匹配不了具体函数。这说明编译器针对函数重载，一定要事先知道函数要处理的数据类型。

如果被逼着拆箱的话，依然要回到 if...else：

```
foreach(var a in array) {
    if(a.GetType() == typeof(int))
        person.Analyse((int)a);
    else if(a.GetType() == typeof(float))
        person.Analyse((float)a);
}
```

尝试二：既然所有的函数名是一样的，能否结合函数的反射来实现呢？例如：

```
Class<?> personClass = Class.forName("Person");
Method method = personClass .getMethod("analyse");
method.invoke(personClass.newInstance());
```

这次前进了一小步，倒是能骗过编译器。但很遗憾，运行期间又会有"发现不明确匹配"的错误。

现在铁证如山了，函数重载说白了只是语法糖，它虽然能优化调用者对函数的记忆，却不能产生真正令人炫目的效果。所谓的语法糖，是指只有"编译器"支持，而"运行时"并不支持的语法特性。

真正能解决本例困局的是 dynamic 动态特性，这将在第 10 章中通过实例来介绍。

8.8.2　泛型函数

这些年来，越来越多的语言支持泛型，让它由高级特性慢慢变成普遍特性了。各种语言的泛型用起来都差不多。例如，对于 List<T> 的实现，它有多个类型实例，比如 List<int> 和 List<string> 等。但各种语言实现泛型的原理不尽相同，对比一下还是蛮有意思的。大概分为三大类，这里分别以 C++、Java 和 C# 为代表来说明。

- ❑ **C++（模板）**：其实现原理是为每一种类型的 List 都生成一个独立的类，比如 List<int> 类和 List<string> 类。因此，有可能造成类的数量过多。
- ❑ **Java**：有类型擦除的特性，就是说无论子元素是 Integer 还是 String，只会对应到 List<object> 一种类里。由于支持类型擦除，所以 Java 的泛型容器只能支持引用类型，不能装载基础类型。
- ❑ **C#**：介于上面两者之间。对于基础类型，比如 int 和 double，和 C++ 一样，会一个一个生成对应的类。这样运行效率更高。而对于引用类型，和 Java 一样，会类型擦除，统统对应到 List<object> 一种类里。

注意：泛型的工作是在编译期间完成的，主要是为了让大家避免敲打重复逻辑的代码。在 runtime 层，并没有跨越式的提高。

很长时间内，我一直误以为泛型的本质是把类型 type 参数化，在运行期完成绑定，相信很多人曾经和我有一样的误解。后来发现不是这样的，我曾经尝试用数据驱动来验证。

比如说，有个数组存了各种 type：

```
type[] types = {typeof(int) , typeof(float), typeof(string)};
```

然后想动态地把数组里的 type 元素绑定到泛型 List<T> 类的上面：

```
foreach(var type in types) {
    List<type> list = new List<type>();
}
```

可惜这样做是不行的。原因上面已经讲得很明白了：归根结底，泛型只是编译器暗地里给我们做了好多工作，和 runtime 无关。

8.9　总结

一层一层的函数定义，好比是一层一层的积木。函数结构的好坏，不仅直接决定开发的效率，也决定数据运行的效率。毫无疑问，它是编程的核心之一。

第 9 章

面向接口编程——遵循契约办事

接口的语法非常简单，例如：

```
interface ICalculate{
    int Calculate(int a, int b); // 接口里只有定义，没有具体实现
}
```

所以初学者上手很快，但是架构师们往往觉得接口不简单。为什么呢？

我认为接口的本质是代码世界里的契约，接口一系列方法的定义就是契约里一条条的条款。一旦实现这个接口，就相当于在此契约上签约。签约之后就必须按契约办事，且无法毁约。上面 `ICalculate` 契约的意思是：里面只有一条条款，内容是两个整数经过 `Calculate` 计算后，将会得到另外一个整数。

初学者呢，只需要按照既定约定办事就行，自然觉得简单。比如，在一个 `Sum` 类里，根据 `ICalculate` 接口实现加法功能。而架构师需要考虑如何设计契约条款，以及让谁去遵守这些契约条款，反而觉得很难。比如，设计由加、减、乘这 3 个类实现该接口，但除法不行。如果想满足除法，还需要更改接口定义。

接下来，本章将细细探讨与接口相关的内容。

9.1　接口和抽象类——分工其实挺明确

接口和抽象类有什么区别呢？初学者往往会被这两者所迷惑。从语法角度看，确实有相似之处：它们都没有具体的实现逻辑，而且继承它们的子类对它们的方法必须给出具体的实现。似乎是用两个不同的名词来描述同一种语法特性，可这样做又有什么意义呢？

初学者自然会有这样的疑问，但用得多了，我相信程序员们会自然而然地从直觉上得出它们的区别。

这个理解过程和学习英语的过程很相似。中国人学习英语是倒过来的：会用之前，先做题。经常把一些本来没有太大联系的词放在一起去比较，本来清楚的东西反而被考糊涂了。比如，

nothing 和 none 有什么区别？这种做法其实加大了学习语言的难度。而这些问题，英国人可能从来没有思考过，他们只是平时用得多，自然就会了。

本章中，我尝试用英国人学英语的方法，去接触接口和抽象类这两个概念，希望这种方式让大家吸收得更快、更好。

先举几个抽象类的例子：

```
abstract class Door {
    abstract void Open();
    abstract void Close();
}
abstract class Fish {
    abstract void Swim();
    abstract void Eat();
}
```

再列举几个接口的例子：

```
interface ICloneable {
    object Clone();
}
interface IComparer {
    int Compare(object a, object b);
}
```

看到这里，稍微有点感觉了吧？抽象类的重点在于类名本身，更强调 Door 和 Fish 类名带来的概念。而接口呢？它更强调里面的方法，人们更在意里面的 Clone 和 Compare 方法。接口名字只是让我们找到这些方法的辅助信息。

可能有些人还不同意，毕竟这两个例子中 ICloneable 和 IComparer 这两个接口的名字取得也是有模有样的，很接近它们里面的方法名。没关系，我们继续看接口的用法：

```
interface IFly {
    void Fly();
}
abstract class Animal {
}
class Bird : Animal , IFly {
}
class Plane : IFly {
}
```

上面定义了一个 IFly 接口（指代飞行能力）、Animal 抽象类、Bird 类和 Plane 类。这个例子可以很清楚地体现接口的特征：**接口是很轻量级的，它似乎是附着在主体类上面的信息，甚至可以同时描述 Bird 和 Plane 这两个完全不同的事物。**

但 Animal 抽象类就不一样了，Bird 继承了 Animal，这强烈表明了自己是动物的一员。而 Bird 不可能再同时继承其他的抽象类，但它有可能继续实现其他多个接口！

渐渐清楚了吧？接口和抽象类的分界线还是非常明确的，可以这么说：

❑ 抽象类是针对数据的抽象描述，更强调"你是什么"；
❑ 接口是针对行为的抽象描述，更强调"你能干什么"。

对于抽象类，动词是"继承"，我认的是祖先；对于接口，动词是"实现"，我拜的是师傅。对祖先，认一个就好；对师傅，多拜几个师傅多学点才艺也无妨。如果一个类：

❑ 实现多个接口，很正常；
❑ 继承于一个抽象类，再实现多个接口，没问题；
❑ 继承于两个抽象类，这设计是有问题的，但这条仅限于支持接口的语言。有的语言，如 C++ 和 Python，接口和抽象类是合二为一的概念，都属于抽象类。所以它们的设计理念与 Java、C# 和 Objective-C 等不太一样。

这就涉及接口是否可以被抽象类替代的问题。这里展开讨论几点，我认为从抽象类中剥离出"接口"这个概念，是有明显优势的，原因如下。

❑ 首先，它让数据的抽象和行为的抽象分开定义，更符合人们对世界的理解。
❑ 其次，对类（包括抽象类）的设计来说，数据和方法总是要包含得完整些，才能配得上这种封装类型。如此会导致一个问题：继承的时候，难免把一些不要的功能继承进来。而接口的定义往往是轻量级的，它经常被拆分得很细。大家实现功能的时候，按需实现若干接口组合即可。例如，上面的 IComparer 和 ICloneable 接口，里面都只有一个简单的方法，这可是真实系统类库采取的案例。"接口隔离原则"讲的就是这个，它在众多原则里相对来说容易实现，你只要将接口设计得足够细，自然就隔离了。当然，不能将本属于同一个接口的方法拆解得支离破碎，内聚和解耦永远在两头制约着你的设计。但很难想象一个抽象类也会如此简单，里面就一个方法，尽管语法允许。如果所用语言不支持接口，那只能硬把抽象类当作接口用，那些零碎的细功能也可以封装在一个个抽象类里。毕竟它俩本是同根生，语法特性几乎一样，互通也没问题。

最后总结一下：接口和抽象类的应用场景区分明显。抽象类是静态概念的描述，接口是对动态行为特征的描述。

而如何使用接口，请接着往下看。

9.2　接口的应用场景

本节将进入实战环节，会从接口的各种需求中分析接口的作用。因为接口语法简单，如果直接查看已经定义好的接口代码，那么基本都很干涩，让人感受不深。但如果带领你从原始的需求从无到有地一个一个实现接口定义，就会发现接口的应用场景是多种多样的，这样感受也会深很多。

下面列举 3 个最普遍的接口应用场景。

9.2.1　先签约，后对接

这类场景主要是为了有相互依赖调用关系的双方（或多方）能同时开发。在开工之前，大家采用某种形式来保证将来能够顺利地进行模块对接。

案例需求背景： 数据源模块首先进行数据的解析加工。处理完毕之后，加工结果可能会被写入数据库，也可能写入第三方 MQ 中间队列，还可能写入日志等。也就是说，数据可能会写入一个或多个目标模块里，而具体被写入哪些目标模块是根据业务需求动态决定的。需求如图 9-1 所示。

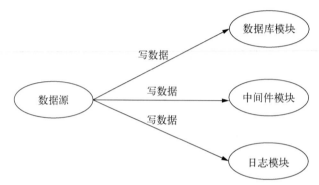

图 9-1　一个采用观察者模式的业务需求

每个目标模块会被封装到一个单独的 DLL 库文件之中，比如 DBComponent.dll、MQComponent.dll 和 LogComponent.dll 等。现在很多年轻的程序员可能不太清楚什么是 DLL 文件，它是在古老的 Windows 系统开发中经常遇到的动态链接库。

于是大家就开始分工了，谁负责核心的数据源模块，谁负责数据库模块和 MQ 模块等。

现在问题来了，因为大家之前是在不同的 DLL 模块里写代码，它们有的甚至不在一个项目工程里。怎么确保动态加载后能顺利对接呢？

用嘴巴吼吧，数据源模块对大家大声说："大家听着，和我对接的每个目标模块里必须有 `void WriteResult(string data)`，到时候我只管往这个方法里传数据！你们必须要实现你们自己的 `WriteResult` 具体逻辑，而且方法名不能写错！"

口说无凭，要是大家之间能用签协议、订合同的方式就好了。

接口就是程序世界里的协议！它把大家约定好的函数名从 Word 文档搬到了代码里。每个目标模块里都必须实现这个接口，若不实现，编译器就不让你通过！任何目标模块不继承该接口，就得不到调用。这太好了，解决大问题了。

代码采用观察者模式，其中定义数据源模块为被观察者，定义众多的目标模块为观察者，然后添加观察者数组（注意观察者和被观察者的身份不要弄混了）。

(1) 在大家都能引用的 Common 模块里新增接口：

```
interface IWriteResult {
    void WriteResult(string data);
}
```

(2) 在数据源模块里有个 observers 数组：

```
IWriteResult[] observers;
```

里面装有所有注册过的观察者。关于注册方式，最简单的可以通过配置文件配置，这里采取的是通过反射扫描 ***Component.dll 文件得到所有观察者所在的文件，并动态加载这些 DLL 文件，最终通过反射查找并创建观察者们的实例（这便是针对插件式开发的雏形）。解析完毕一条数据后，将会调用下面的函数将这条数据依次写入到观察者中：

```
void SendResult(string data) {
    foreach(IWriteResult observer in observers) {
        observer.WriteResult(data);
    }
}
```

这便完成了观察者模式最核心的内容。

(3) 那么，在目标模块里呢？例如，日志模块会加入对 IWriteResult 接口的实现：

```
void WriteResult(string data) {
    SaveToDefualtFile(data);
}
```

数据库模块和中间件模块会有各自的 WriteResult 逻辑。自此，我们便完成了所有系统对接的代码。

这个案例里，从大家开会的过程到定协议，再到最后的实现，接口贯穿始终。接口的核心作用是出示了一张契约，让大家在上面签字，从此大家按契约办事，然后可以同步开发，之后放心地对接系统！图 9-2 是大家通过接口协同开发的步骤图。

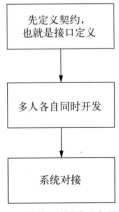

图 9-2　通过接口协同开发的步骤图

以上这 3 个步骤中，接口贯穿始终，这是接口非常重要的使用场景。**这类场景中，接口让大家能多方向地同时开工。接口的价值主要不是体现在项目成型后，而是体现在项目开发的过程之中。**

还记得我曾做过调查，"观察者模式"在设计模式的兵器谱里排名第三吗？既然本例用到了它，顺便深挖几句。本例仅仅是对观察者模式最粗浅的应用，它甚至还没有取消某观察者的逻辑。那么，哪里有高级应用呢？比如，各个系统里的消息通知机制和事件处理机制就是对观察者模式的高级应用。

如果把一个数据源和它的观察者们统称为"交流团"，那么如果系统存在很多这种"交流团"，会给用户产生困扰。比如，新来的一个观察者，人生地不熟，面对众多数据源，要辨析出哪个才是它要观察的，就很费劲。这时大家需要有一个专门的模块，统一管理这些数据源及其观察者之间的关联信息。还记得第 5 章介绍的 Container 吗？如果用一个 Container 来实现这个模块，所有的数据源和观察者只与这个全局的 Container 打交道，去发布和订阅消息，事情就简单了很多。如果继续添砖加瓦，把观察者添加到列表，以及依次触发观察者接口等内容，都替用户完成，让用户专心于消息的发送和消息响应的内容，那么这个以 Container 为核心实现的一整套框架称为消息通知系统。

一旦有了这个中间媒介，就会发现数据源和观察者彻底成了一对松耦合关系，消息的订阅和发布是完全解耦的过程。观察者完全可以先订阅自己感兴趣的消息，哪怕这个消息的发布者暂时还不存在。同理，一个消息的发布者也可以先发布消息，哪怕暂时没有订阅。

事件处理机制和消息通知机制并没有本质的区别，只是应用场景稍有不同。在消息通知中，消息的发布者和接收者一般比较明确，且多为一对一关系。而在事件处理机制中，事件接收者可能不那么明确，0 到 N 个均有可能。

好了，介绍完了观察者模式，接着回来介绍接口的应用。

9.2.2　专注抽象，脱离具体

这个使用场景并不涉及多人同时开发，而是架构师在设计框架性代码的时候，要抛去具体的细节实现，采用接口专攻抽象的主体逻辑。

下面我们从 Array.Sort 的内部实现谈起。

假如你要实现一个数组的排序功能，怎么做呢？如果是一组 int 数字，当然好做，可如果是一组 Person 对象呢？那总得告诉我一个排序规则吧，比如按照年龄属性排序等。

为了实现自定义排序规则，我们给 Sort 加了一个接口类型的参数：

```
Array.Sort(IComparer comparer);
```

其中 IComparer 接口的定义如下：

```
interface IComparer {
    int Compare(object a, object b);
}
```

IComparer 接口是给 Sort 函数做参数用的。增加 **IComparer comparer** 这个参数的目的，是想让 Sort 函数的排序规则可以容纳任何用户自定义的规则。通过抽象的接口，可以让 Array.Sort(**IComparer comparer**) 函数的内部实现一直处于抽象状态。我们进入 Sort 函数内部看一看，探究一下其内部是如何面对抽象的。其实现方法大概如下：

```
Array Sort(IComparer comparer) {
    int length = this.elements.length;
    int m = length;
    for(int i=0; i<length; i++) {
        m = m-1;
        for(int j=0; j<m; j++) {
            // 看这句就够了！这里是最关键的抽象判断。开发者并不知道排序的具体细节
            if(comparer(this.elements[j], this.element[j+1]) > 0)
                Swap(this.elements[j], this.elements[j+1]);
        }
    }
    return this.elements;
}
```

这就是传说中的面向抽象编程，而接口是实现面向抽象编程的重要手段之一。

最终的用户可以在抽象框架代码发布之后，进行具体的使用。先实现接口：

```
class PersonComparer : ICompare {
    public int Compare(Person p1, Person p2){
        return p1.age > p2.age; // 规定排序的细节是根据年龄的大小
    }
}
```

然后就可以调用 Sort 了：

```
Person[] persons = { person1, person2, person3 };
persons.Sort(new PersonComparer());
```

在这个例子里，IComparer 接口并不是为了让 Sort 函数的作者和调用者能够同时开发，进而能系统对接，而是主要让框架性的 Sort 函数能够摆脱细节，保留抽象，并可以把它先发布出去供其他人使用。

9.2.3 解开耦合，破除缠绕

这个场景主要用于不应该依赖其他模块的底层模块的封装。一旦底层模块有调用上层模块的需求，可以借助接口抽象化。

案例需求背景： 在父窗口 parentWindow 里嵌入一个子 UI 控件 childControl。子控件有如下几个功能。

❑ 有 Reload 菜单。点击 Reload 菜单，父窗口就会重新加载数据。

❑ 有 Add 菜单。点击 Add 菜单，父窗口的数据添加一行。

❑ 有 Save 菜单。点击 Save 菜单，父窗口的数据将保存。

于是 childControl 需要引用 parentWindow：

```
void Reload_Clicked() {
    this.parentWindow.Reload();
}
void Add_Clicked() {
    this.parentWindow.dataArr.Add(new DataRow());
}
void Save_Clicked() {
    this.parentWindow.Save();
}
```

这就存在双向引用了。子控件不应该知道它正在被谁调用，此时 childControl 就只能被这个 parentWindow 使用和耦合了。childControl 永远成为不了一个通用的轮子，具体怎么解决呢？我们先把行为抽象为接口：

```
interface IDataOperation {
    void Reload();
    void Add();
    void Save();
}
```

在子控件里，只关心 IDataOperation 接口：

```
class ChildControl {
    IDataOperation dataOperation;
    void Reload_Clicked() {
    if(dataOperation != null)
        dataOperation.Reload();
    }
    ...... // 其他两个方法省略
}
```

在父窗口中实现这个接口：

```
class ParentWindow : IDataOperation {
    void Reload() {
        this.dataArr = getDataFromDB();
    }
    ...... // 其他两个方法省略
    // 将自己设置为 childControl 的命令执行者
    this.childControl.dataOperation = this;
}
```

该例子是非常经典的一个应用场景，经常用于两个对象相互引用的耦合，需要将通用的一方依赖于接口，另一方去实现它。控件的封装是最典型的例子。还有类似的常见场景，具体如下。

model 层需要主动调用 controller 层的方法，实现某种事件通知。但是 model 层是不知道 controller 层的信息的。那么也和上面一样，通过接口来解耦。具体细节大家可以思考一下。

这个场景的需求是来自模块之间的解耦,为此而生的接口很可能就只用于该模块。和上一个场景不太一样的是,`Array.Sort(IComparer comparer)`函数可能随时被用在任何角落。

9.2.4 3个场景的总结

终于把三大类接口的应用场景介绍完毕了,这里总结一下,接口一般应用于:

□ 面向多个人或多个模块之间的协同合作;
□ 对方法的抽象;
□ 模块之间解耦的工具。

所以呢,接口本身的语法是很简单的,本身像水,是无味的。但接口的用法很复杂,原因在于各种业务场景是有各种味道的。和各种业务融合起来,接口的味道也各式各样了。

9.3 接口和函数指针

第一个话题比较了接口和抽象类的区别,第二个话题把接口的应用场景过了一遍,而第三个话题又进一步,比较接口和函数指针。为什么要比较它们呢?因为这个内容是程序员成长之路上绕不过去的坎儿,一定要啃下来,爬过这座山峰,才能看到更好的风景。

初学者可能觉得接口和函数指针表面上看并不一样,根本无须比较,但了解它们的区别很有意义。

为什么这么说?接口和抽象类在概念上虽然很像,但在应用场景上区别得很清楚,不会被混用。但是接口和函数指针看起来不太一样的东西,在应用场景上却发生重叠,常让人疑惑。

9.3.1 原来是亲兄弟

要回答上面的疑惑,先介绍一下什么是函数指针。

函数指针在各个语言里的术语不太一样。古老的 C 语言里叫函数指针,Objective-C 里是block,Swift 里是闭包,C# 里是 delegate。C++ 作为 C 语言的超集,当然也直接支持 C 语言的函数指针,但 C++ 11 版本之后更推荐使用自己的"函数对象"。它们的底层实现原理不尽相同,但在应用层面带给我们的意义是相同的。不管叫什么吧,就是一种变量类型,这个类型比较特殊,装载的不是具体数据,而是函数地址。

特别说明:本书里所有"函数指针"的概念不仅指 C 语言的函数指针,而且泛指所有其他语言里同类的概念。我觉得"函数指针"的取名是最贴切的,也是流传最广的词汇。

以 C 语言为例定义一个函数指针:

```
int(*calculate)(int, int) = Add;
```

从此,`calculate` 指向 Add 函数,也间接具备了 Add 函数的能力,能计算两个整数之和:

```
int sum = (*calculate)(100, 200);
```

可以看到，函数指针的特点是自己不决定具体的行为，而是放权给别人决定。

可大名鼎鼎的 Java 并没有采用函数指针，它所有的事情都由接口全权代办。这也给我们提供了一个很好的话题切入点：函数指针能办的事情，接口其实都能办（否则 Java 就变成残废语言了）。不知大家是否会有下面这个疑惑：反过来呢，接口能办的事情，函数指针都能办吗？

其实也可以的。比如 C 语言没有接口概念，只有函数指针，不照样什么都能做吗？

原来接口和函数指针是亲兄弟，关系很紧密。看到这里，可能大家的疑惑越来越多了。

既然接口和函数指针都能相互代替，那么为什么大部分的主流语言会同时支持接口和函数指针呢？在这些语言里，大家面对接口和函数指针，要如何选择？有没有一个通用原则，指导大家哪些场景适合用接口，哪些场景适合用函数指针呢？

接下来，就详细分析接口和函数指针各自的优缺点。

9.3.2　接口的优势

抽象来讲，我认为函数指针对业务信息量的承载能力相对有限，函数指针更多的是纯粹表达一种"函数结构的定义"，而接口对业务的承载能力明显更强。具体来讲，主要有如下两点优势。

1. 优势一

最根本上的原因在于函数指针并不是面向对象的产物；而接口是面向对象的高级抽象，它有封装，能继承。

一个接口可以包含多个函数，例如：

```
interface IMessage {
    string ReceiveMessage();
    void SendMessage(string message);
    string DecodeMessage();
    void EncodeMessage();
}
```

而让多个函数形成一组，函数指针却做不到。

基于封装，接口之间也能实现层级继承，这样描述功能会更灵活。这也是函数指针做不到的：

```
interface ICommunication : IMessage {
    void ICallPhone();
}
```

而基于继承，我们能够通过反射去查询某个模块中有多少类实现了该接口，从而达到高级的动态性，这更是函数指针做不到的。

2. 优势二

9.2.1 节列举的"先签约，后对接"的案例，很适合指针代替。因为这个场景的接口的作用主要体现在，开工之前先商量最后对接的协议。接口是很好的协议形式，具体原因如下。

- ❑ 语法上接口更加清晰易懂，且沟通成本较少。
- ❑ 它里面可以包含协议条款（也就是多个函数）。
- ❑ 实现该接口的模块必须实现这些方法细节，编译器会强制大家这么做。

那么，用函数指针去实现系统对接呢？

- ❑ 函数指针语法相对绕弯难懂，增加了大家的沟通成本。
- ❑ 一个函数指针只能对应一种函数结构。
- ❑ 由于各方代码分散在各个模块里，甚至不同工程里，它并不会像接口那样要求编译器检查是否实现了对接方法，只有在动态对接的时候才会验证报错。

9.3.3　函数指针的优势

当大家一个劲地走在面向对象的道路上，发现全部采用接口完全抛弃函数指针时，会有很多不便，徒增烦恼。于是 C# 和 Swift 等又走了回头路，把函数指针的同类概念给加了回来。

那么，函数指针有啥令人不忍抛弃的优势呢？

1. 优势一

函数指针更轻量级。

比如上面的 `int(*calculate)(int, int)` 例子中，我至少可以给 calculate 赋值加、减、乘这 3 种方法。于是我定义好加、减、乘这 3 个方法，每个方法格式一样。用户需要什么，我动态赋值给 calculate 即可。

第一步可以赋值给加法：`int(*calculate)(int, int) = Add;`

第二步可以变换为截然不同的减法：`calculate = Minus;`

我可以把加、减、乘这 3 个函数以及函数指针的定义综合在一个类里去实现，短小精悍。

如果用接口去实现呢？接口有个最大的弱点，它必须得在某个类上才能发挥作用，于是你至少得定义加、减、乘这 3 个类。例如：

```
class Add : ICalculate {
    public int Calculate(int a ,int b) {
        return a + b;
    }
}
```

每定义一个新类，都要增加一个类文件。其实 Add 类里面真正干活的只有 `return a + b;` 这一行代码。

谁优谁劣，一目了然。

2. 优势二

接口的封装也会给接口带来相应的劣势，因为接口一般会强迫你同时实现里面所有的方法。例如上面的 IMessage 里有 4 个方法，那么实现 IMessage 时，就必须同时实现里面的 4 个方法。但有的场景中，我可能只需实现里面的一两个方法即可，这就会产生空函数。

而每个函数指针对应一种"函数结构"，是最细粒度的匹配，不会造成无用的空方法。

3. 优势三

假设 Person 类有 10 个功能函数，其中 9 个函数来自于接口 A，只有一个小函数来自于接口 B，但是定义类的时候，接口 A 和接口 B 的地位却看似相等，不知道的还以为各占 50% 呢：

```
class Person : interface_A, interface_B { // 光从类定义来看，两个接口是平等的
    // 其中interface_A有9个函数
    A_fun1();
    A_fun2();
    ......
    // interface_B只有一个函数
    Calculate(int i, int j);
}
```

如此统一加在类的帽子上并不能精确地表述实际情况。要知道，interface_B 是一个边边角角的功能，它只应用于 Person 类的一个属性而已，所以能不能直接描述在这个属性上？要不要加在整个类的上面？

这一点接口做不到，而函数指针变量可以。函数指针的实现，我遇到的最方便的无疑是 C# 语言。下面以 C# 举例：

```
class Person: interface_A { // 只有interface_A一个接口了
    A_fun1();
    A_fun2();
    ...... // interface_A里的9个函数

    // Func<int, int, int>是.NET系统已经内置好的int  Calculate(int i, int j)
    // 这种函数格式的函数指针类型
    public Func<int, int, int> calculate; // 替换interface_B里的函数
}
```

此后 Person 的 calculate 属性就可以被赋值为 Add 和 Minus 等具体函数了。这样成功地把 interface_B 从 Person 类头上除去了，整个类的定义更简洁了。所以这种情况下，接口就不如函数指针表达得精确。

接口的格式比较笨重，而函数指针的定义很灵活。函数指针比较适合用在短小精悍的、又没有多少业务语境的场景。

9.3.4　两兄弟的总结

❑ 函数指针能做到的，接口都能做到。只是有些场景下，接口实现起来费点劲。
❑ 有些功能是接口因为具有面向对象的特性才做到的，此时函数指针确实无能为力。

9.4　函数指针的应用场景

虽然本章是介绍"接口"的，但是函数指针和接口的本质几乎是一样的，是接口的"局部优化版"，所以我们继续趁热打铁，把函数指针给说透了。上一节详细对比了接口和函数指针之间的优劣，也充分说明了函数指针有自己的生存空间。这一节具体展开说说函数指针的应用场景。

9.4.1　简化版的 Command 模式

这里聊一个有意思的话题：函数指针几乎替代了一种设计模式——Command 命令模式。

如果一个函数指针不是作为函数的参数，而是作为一个类的成员变量，那么它就是简化版的 Command 模式。

本质上，它们几乎是一样的：如果把一个函数的执行比喻为一个炸弹爆炸，那么函数指针类型的成员变量和 Command 模式，都能做到让这个"炸弹"延时爆炸。不但延时爆炸，还能把这个"炸弹"运输给指定的客人，让客人指定"炸弹"的具体参数，然后客人触发爆炸。也就是把 Command 的触发者和接受者隔离开来。

为了对比两者，我们简单介绍一下什么是 Command 模式，代码示例如下：

```
interface ICommand {
    // Command 接口协议很简单，只有一个 Execute 方法。但有的场景下，还会有对应的 UnExecute 方法
    void Execute();
}
```

然后实现一个常用的 Command 例子——开灯的命令：

```
public class LightOnCommand : ICommand {
    Light light; // 注意：在具体的 Command 类里，是包含自己要操作的资源的
    public void Execute(){
        if(light != null)
            light.TurnOn();
    }
}
```

接下来，将执行者和 Command 组合，让执行者有执行 Command 命令的权限：

```
class User {
    // 为了展示得丰富点，这里多准备一个 commandList 历史记录，这也是 Command 模式常见的变种
    ICommand[] commandList;
    ICommand currentCommand;
    public void SetCommand(ICommand);
    public void TriggerCommand() {
        if(currentCommand == null)
```

9

```
            return;
        currentCommand.Execute();
        commandList.Add(currentCommand);
    }
}
```

这里简单说明一下：currentCommand 定义为成员变量的方式，将来可以很容易扩展 UnExecute 方法。SetCommand 之后，Command 只是先存储起来，不执行。Command 的 Set 和 Trigger 方法在外层的调用是彼此独立的。

好了，最后就是命令者在外层组装配置：

```
void main() {
    User user = new User();
    user.SetCommand(new LightOnCommand());
    user.TiggerCommand();
    // 之后可以继续设置并触发其他的 Command 命令
}
```

为什么现在 Command 模式用得比较少了？因为大家普遍都支持函数指针了呀，它更轻量级，使用更方便。下面看看上面的代码如何用函数指针来实现：

```
public delegate void MyCommand();
class User {
    public MyCommand command;
}
void main() {
    User user = new User();
    user.command = delegate {  // 函数指针可以和匿名函数连用，省去了很多代码定义
        Light light = new Light();
        light.TurnOn();
    };
    user.command();
}
```

可以看到，函数指针实现的代码确实简洁很多，不过这里演示的是 Command 模式最核心的部分。而一个全套的 Command 模式，还涉及多个 Command 命令的存储，以及它们的 redo 和 undo 等配套逻辑，这些是不能被一个简单的函数指针所代替的。所以你的需求是标准的全套 Command 模式，还得用接口去实现 Command 模式。

上面的例子中，函数指针没有接参数。下面列举一个函数指针有参数的例子，更能体现它的灵活性。接着用 Calculator 做例子吧：

```
class Calculator {
    public Func<int, int, int > calculate;  // 这里的 calculate 是类成员变量
    int Add(int a, int b); // 加法
    int Minus(int a, int b); // 减法
}
```

如果对计算器 Calculator 的操作步骤是用户先输入 10，再点击加号，再点击 20，然后计算结果。相应代码为：

```
int A = GetFirstNumber();
calculator.calculate = Add; // 我有了计算加法能力，但可以不马上计算，
                            // 只能等用户输入完第二个数字再计算
int B = GetSecondNumber();
int result = calculator.calculate(A, B); // 等到合适的时候算出 result
```

大家可以思考一下，如果用 Command 模式，又如何去实现。

9.4.2 行为外包

上一节介绍了函数指针作为成员变量，是缩小版的 Command 模式，是场景一。接下来，我们介绍场景二"行为外包"和场景三"结尾回调——异步搭档"。它们俩都是指针作为函数参数的情况，其区别在于函数指针所指的函数是否有返回值（原因在下一节有解释）：

```
public int Compare(Person p1, Person p2); // 有个 int 类型的返回值，为场景二
public void completeHandler(int result); // 没有返回值，为场景三
```

我们先介绍场景二"行为外包"。它的主要应用是通过函数指针面向抽象编程，把具体的行为实现"外包"了出去。这类场景同时也对应着接口的应用场景二——9.2.2 节的专注抽象，脱离具体。

例如，9.2.2 节用接口实现排序的案例：

```
// 接口实现
class PersonComparer : ICompare {
    public int Compare(Person p1, Person p2) {
        return p1.age > p2.age; // 注意：这个函数是有返回值的，没有返回值的继续被拆分为场景三
    }
}
persons.Sort(new PersonComparer());
```

如果用函数指针来实现，就比较简洁了。函数的定义修改如下：

```
Array Sort(Func<int,int,int> comparer) {
    // Func<int,int,int>是.NET 系统已经内置好的 int calculate(int a, int b)
    // 这种函数格式的函数指针类型
    // Sort 函数内部的逻辑没有变化
}
```

调用如下：

```
persons.Sort((person1, person2) => {return person1.age > person2.age});
```

该 Sort 函数的参数是一段 lambda 表达式，编译器会将其转化为一个匿名函数。你会发现通过一段匿名函数，你可以少定义整整一个 PersonComparer 类，成果显著。而且 person1.age>person2.age 这个逻辑，还能紧贴 Sort 函数，不像接口实现里两者相距甚远，从而让阅读性大大提高。所以，函数指针作为参数的时候，能和匿名函数有效结合起来，达到代码质量的飞跃。

场景二就介绍到这。下面介绍一个贯穿场景二和场景三的重要知识点：函数回调。

这个 Sort 例子已经属于函数指针的一种特别且常见的应用，专有名词叫函数回调，英文是callback。

一个能拥有自己名字的用法必须得好好讲一讲。"函数回调"最重要的就是这个"回"字，从"回"字的含义可以推断自己触发的流程自己来收尾。图 9-3 是回调的流程图。

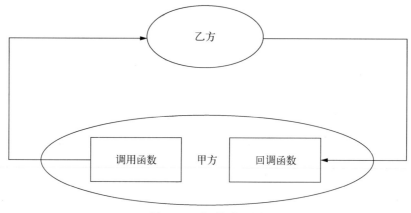

图 9-3　回调的流程图

上面的例子里，persons.Sort(...);是甲方的调用函数。里面的(person1, person2) => {return person1.age > person2.age}是浓缩到调用函数里的回调函数，很多情况下它是另外一个单独的函数。而 Array Sort(Func<int,int,int> comparer)则是乙方调用的函数。

"函数回调"是描述发生在甲乙双方来回两次打交道的过程。简化图为：甲→乙→甲。其中**甲方逻辑是赋具体值的，乙方逻辑是面向抽象的**。交互步骤如下。

(1) 甲方调用乙方函数。乙方函数中有一个参数是函数指针类型。甲方把自己一个同格式的函数（即回调函数）赋值给这个参数。

(2) 乙方运行乙方函数。

(3) 在乙方的逻辑里，会通过函数指针主动回调甲方的回调函数。

以上便是函数回调的三步曲。

最后补充说明一点："行为外包"里虽然多数场景是回调，但并不是 100% 都是回调。在上面的 Sort 例子，具体的比较逻辑实现不是来自 person 自己，而是来自第三方类：

```
persons.Sort(other.Compare);
```

此时流程图就变成了甲→乙→丙，这就不满足回调的"回"的含义了。不过这种情况相对少些，但我们接下来要讲的第三类场景，几乎是和函数回调绑定的，这是一种属于函数回调又蛮特别的应用场景。

9.4.3　结尾回调——异步搭档

前面提到，如果函数指针所对应的函数是有返回值的，那么对应着场景二"行为外包"。没有返回值的对应着场景三，也就是这里要讨论的"结尾回调——异步搭档"。

先回答大家心中的一个疑问：有没有返回值这么重要？

这得从面向抽象编程说起了。假如你在乙方的抽象逻辑中，传进来的 handler 函数指针是没有返回值的：

```
void function(Handler handler) {
    ......// 这里做前期准备工作
    if(handler)
        handler();
    ......// 做后续准备工作
}
```

下面我们细细分析一下。

❑ 因为 handler 是没有返回值的，所以它不能给你提供任何信息。

❑ 由于 handler 是面向抽象编程，所以 handler 的具体行为是不受你约束的。

那么，在函数中段调用一个不能给你提供信息帮助又不知道它干嘛的语句有意义吗？唯一能想到的有意义的场景是在函数末尾调用它：

```
void function(Handler handler) {
    // 做前期准备工作
    if(handler)
        handler();
}
```

在函数末尾调用它的意义是明确的：**我这边已经执行完毕了，接着执行你委托给我的函数**。既然是最后一个步骤，所以我也无需你的返回值。也正因为如此，这类函数指针的名字一般就叫 **completeHandler** 之类，这个名字没什么具体的业务含义，只强调是最终回调。这类场景中，双方的交互有两次且只有两次——你让我开始动工，我做完了会告诉你。**completeHandler** 仅仅是最后被调用。

请看下面的例子。实现一个登录模块：用户输入了用户名和密码，点击"登录"，之后触发登录模块的验证逻辑，然后返还客户端登录结果。但后台验证的时间有长有短，客户端总不能一直死盯着，不间断地询问服务端的返回结果吧？最好是服务端能主动通知我。

我们先看一看服务端的登录实现，这里以 C# 语言为例介绍：

```
// Action<int> 是.NET系统内置好的void function(int result)这种函数格式的函数指针类型
void Login(string username, string password, Action<int> completeHandler) {
    int result = Verify(username, password);
    if(completeHandler != null)
        completeHandler(result); // 想把异步计算结果返回给对方，不是通过返回值，
                                 // 而是通过输入参数
}
```

completeHandler 将会回调客户端的函数，同时把宝贵的 result 作为输入参数给客户端。

而客户端这边，只需要调用 Login 函数，并以 lambda 高效地传进匿名函数：

```
Login(username, password, (result) => {if(result) showMainWindow();});
```

里面这段 lambda 的意思是：如果验证成功，则从登录界面跳转到主界面。

可以看到：回调的双方中，客户端是甲方赋值具体；服务端是乙方针对抽象。一实一虚，方能构建回调的架构。

最后总结一下：这里我们已经论证了一个没有返回值的函数指针作为参数，几乎就只能用在"结尾回调"里。所以这算是一个约等式吧："一个没有返回值的函数指针作为参数"≈（约等于）"结尾回调"。

还有一个约等式也很有趣："结尾回调"≈（约等于）"多线程异步处理"。

在现实场景中，"结尾回调"几乎是和多线程的异步同时出现的，所以我称"结尾回调"为"异步搭档"。而为什么它能和"异步"搭档得那么紧密，这又是一个很长的话题。在 15.4 节中，还有专门一段介绍它。

综合这两个等式，最终形成一个很有意思的长长的约等式：

一个没有返回值的函数指针作为参数 ≈ 结尾回调 ≈ 多线程异步处理

为了严谨起见，我采用的是约等号而不是等号，但两处均为概率很高的约等于。

9.5　总结

接口内容定型后很简单，难在思考和协商接口定义的过程。

接口一定意味着协作，代码最终体现在多个模块之间的协作。但在开发过程中，接口是人和人之间协作的重要基础，它的作用比最终的代码里呈现的要大。

接口和函数指针的应用场景有相当的重叠，区分它们需要好好斟酌。

第 10 章

if...else 的多面性

if...else 是大家最常打交道的语句，它既简单又复杂。本章将把 if...else 相关的点从头到尾细细捋一遍，并用全新的视角去挖掘 if...else 背后的东西。

10.1 两条兄弟语句

if...else 在某些特定场景下，转化为其他语句更有优势，下面总结两种。

语句一：条件表达式

如果 if...else 里面对同一个变量赋值，那么可以精简为条件表达式。例如：

```
if(a < b)
    min = a;
else
    min = b;
```

精简为：

```
min = (a < b)? a : b;
```

乍一看，条件表达式好像更晦涩难懂，可一旦适应后，你就会发现理解难度明显下降。就好比珠算，一开始感觉还不如笔算，但要知道珠算是化成了手指的条件反射，并不需要过多思考了。条件表达式也一样，它把这种特定功能的 if...else 语句，用特定的格式归纳后，程序员可以条件反射地去处理这段代码的格式。

除了阅读效率，(a < b)? a : b 可以看作一个值，所以它还可以像压缩饼干那样被嵌入在声明式语言里。比如前端的 Angular 语法：

```
<div>{{ (a < b)? a : b }}</div>
```

这是 if...else 语句所无能为力的。

语句二：switch...case 语句

switch...case 语句本质上是 if...else 语句另一种场合的精简版：当所有 if 里的条件判断都是针对同一个变量时，就可以优先使用 switch...case 语句了：

10

```
switch(value) {
    case 1:
        ......
        break;
    case 2:
        ......
        break;
    default:
}
```

我一直不明白编译器为什么需要我们对每个 case 分支手工添加 break，就不能默认是 break 的行为吗？

不用 break 的话，会连着访问接壤的 case。但这个功能十年来我只用过一两次，使用率极低。不过，我看到有的语言（比如 Swift）终于不能忍受这个愚蠢的逻辑，采纳 case 运行完后的默认行为是退出，无须 break。看来，饱受其苦的不止我一个人。

当然，除了讨厌的 break，switch 语句还是充分体现出这个场景下比 if...else 语句的优势。

❏ 它淡化了 bool 类型的判断。if 后面一定是 bool 类型的判断，但 switch...case 里没有明显的 bool 类型的概念了，直接是目标值，这显得更直观。

❏ 外观比 if...else 更整齐、更漂亮，且少了众多大括号，所以更简洁。因此，不同 case 分支的对比更醒目。

这两点优势让它比 if...else 可以更好地嵌入进循环语句里，实现一个有限状态机，里面有各状态复杂的轮转。

10.2　if...else 的黑暗面

讲 if...else 的黑暗面之前，首先要肯定 if...else 的正面性。它是个老实人，你交代的琐事它一定勤勤恳恳用最笨拙的方式干完。不像 while 或 for 循环，可以轻松地批量处理大量数据，很潇洒。

但正是因为这种笨拙的方式，让它不适合处理庞大的数据和应对莫测的变化。所以，随着环境的变化，当初它的笨拙、勤恳，慢慢成为它的黑暗面。

它的黑暗面主要体现在下面两点："永无止境的长长铁链"和"牵一发而动全身"。

10.2.1　永无止境的长长铁链

由于 if...else 语句非常符合人类的思维，"如果""那么""否则"这样的词语在日常生活中是经常在人类脑子里闪现的，所以当编码刚开始，需求并不复杂时，程序员的第一直觉肯定是用 if...else 来实现。可 if...else 语句有个其他语句无法比拟的特殊之处：它太勤劳了，并且是可以无限扩展的！例如：

```
if(a == 1) {
    ......
}
else if(a == 2) {
    ......
}
else if(a == 3) {
    ......
}
......
```

但随着需求的增加，if...else 链条越来越长，逻辑就变得没有日常生活那么简单了。它可以像一根长长的铁链一直接下去。这可不得了，意味着如果你要判断的条件是非枚举的，或者枚举个数太多，那么此处的逻辑分支有可能爆炸式增长。更恐怖的是，不知道它什么时候会产生爆炸式增长。

假如一开始就能确定地告诉我将来会有几个分支，让大家有个稳定的预期，哪怕分支多点，以后只要不变，问题也不大。就怕当你一气呵成处理完了 5 个条件分支，希望从此再也没有新分支出现，天下太平。可偏偏一周后冒出第 6 个分支，你会非常忐忑地去修改；刚改完又冒出第 7 个分支，你多半就举手投降了。要知道这世界上有个莫斯定律，讲的是你越不想这个意外发生，这个意外就越会对你发生。

相信很多人有这样的经历：很多时候一开始赶得急，采取了 if...else 的设计，之后一直被动修改。钝刀割肉，代价越来越大。

10.2.2 牵一发而动全身

if...else 的构造是高度耦合的，可能成为它另外一个黑暗面。在理论上，添加或修改 if 分支，它的作用域和之前核心模块的作用域是重叠的，相互之间是有耦合的，是互相影响的。例如：

```
if(a == 1) {
    data_member += 10;
    if(data_member < 50)
        return;
}
else if(a == 2) {
    data_member -= 15;
    return;
}
```

如果你添加一个新的 else if(a == 3) 分支，对全局变量 data_member 进行修改，那么理论上会对现有的两个分支 if(a == 1) 与 if(a == 2) 造成影响。

如果你不服气，发誓新添加的 if 分支不会对现有的全局变量做任何访问，绝对隔离，不会对其他部分造成影响，那么短期内确实可以保证，但是既难以保证逻辑复杂之后是否还能做到，也难以保证别人接手你的代码时是否还能做到。而且这对测试人员也是巨大的挑战。如此修改，理论上势必会影响所有分支，需要测试可能影响到的所有分支。否则漏了 bug，责任在他啊。

10

10.2.3   其实黑化不是我的错

讲了两个黑暗面，可能你会有所疑惑：难道平时我写了这么多的 `if...else`，都是不好的？

那可冤枉它了。`if...else` 作为最基础的语句，自然有它数不清的使用场合。**但正因为它容易被使用，会经常用在不适合它的地方，才导致它的"黑化"。**如 10.2.1 节的例子，会造成代码膨胀，此时可以采用数据驱动的方式规避它。但有的 `if...else` 涉及的是"牵一发而动全身"的黑暗面，造成的后果不是代码膨胀这么简单，而是在不断的代码修改迭代中，对代码逻辑安全性造成影响，对测试造成影响，甚至对产品部署都造成影响。那么"牵一发而动全身"的黑暗面主要涉及哪些场景呢？

在软件系统逻辑的大动脉里（决定流程走向的重要节点逻辑），**对多个经常添加修改的同类判断**不宜使用 `if...else`。这非常重要，因为如果分支变化多，就经不起折腾。

大家知道，无论是多么谨慎的修改，每次代码的修改都是有风险的。风险自然有大有小。那么，这个风险值该怎么算？给大家一个公式，可以大概估量风险：

修改风险 = 该段代码的重要性 × （1 + 逻辑复杂度）

从上面的公式可以看出，修改风险主要决定于代码的重要性。逻辑复杂度是参考数据，哪怕你修改的代码逻辑特别简单，如果该段代码极其重要的话，那么修改风险依然不小！主干代码，其重要性自然很高，容不得任何错误，所以对其的任何修改自然都是高风险的。

假如在游戏的主界面里，有一系列点击进入子游戏的菜单："赛车""打篮球"等。这次要添加一个"射击"的新游戏，于是复制一个 `else if` 分支：

```
if(selectedItem == "Drive") {
    StartDriveGame();
}
else if(selectedItem == "BasketBall") {
    StartBasketballGame();
}
else if(selectedItem == "Shooting") {
    // 添加 Shooting 的时候，由于复制了上面的 BasketBall 代码，
    // 结果忘记修改 StartBasketballGame 函数为 StartShootingGame
    StartBasketballGame();
}
```

这种复制粘贴导致的 bug，我相信每个人都有过吧？但这次 bug 不一样啊。如果是一般的小 bug，相信哪怕出现 10 个，用户也能忍忍；但这个 bug 出现在软件的门脸上，影响太恶劣，严重影响用户体验。

10.3   开闭原则——`if...else` 的天敌

`if...else` 经常成为毁坏架构设计的魔鬼，而这个魔鬼的克星，则是下面要讲到的一个重要的软件设计原则——开闭原则（Open Closed Principle），其原文解释是 open for extension, but closed for modification。我觉得比较准确的翻译是"面向扩展，背对修改"。

为什么放在这一章来讲呢？从 if...else 的角度去反向理解开闭原则，也算是从一个新的角度去理解它。之所以敢这么说，是因为你会发现**开闭原则所有的反面案例其实只有一个：就是解决这类 `if...else`**。它的理论蛮复杂，但目标很简单：就是解决高度耦合的处于框架性代码的 if...else。

注意：开闭原则里的扩展和面向对象里的类扩展是两个概念。开闭原则里的扩展概念更广，类扩展只是其实现方式之一。

10.3.1 扩展和修改的区别

开闭原则的精髓是"面向扩展，背对修改"，虽然总结得很简单，无奈天资有限，当初我理解起来还颇费一番功夫。最重要的原因是迟迟没有搞明白：到底什么是修改，怎么又算是扩展。

要讲明白其中的区别，我要从需求讲起。

我们经常遇到一个总需求是由一个一个子需求组合而成的，而这些子需求是彼此独立、类似且个数不定的。未经过系统训练的初学者针对这种需求，写出来的多半是基于修改的代码，并且所有子需求的代码耦合在一起（多半是指已经黑化的 if...else 语句）。每当子需求有添加或者变化时，则需要添加或删除现有的核心代码。

那么，基于扩展的代码呢？它会分成如下两部分。

□ **核心模块。**它负责制定规则，不会包含具体的数据，属于框架性代码。
□ **子扩展模块。**每个扩展模块的结构是类似的，里面的数据是不同的。

核心模块抽象出统一的逻辑，并连接所有的子扩展模块。图 10-1 是扩展架构的示意图。

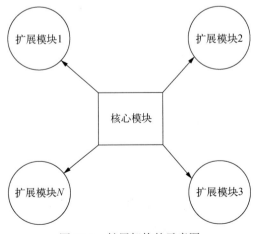

图 10-1　扩展架构的示意图

每个扩展模块是一个独立的个体,互相不知道对方。每个个体的消失,不会影响到其他个体,也包括核心模块。它悄悄得来,悄悄得走。这正是高度解耦的架构,非常好地体现了第 4 章介绍的解耦原则"让模块逻辑独立而完整"。

每当有子需求变更时,只需增、删、改相应的子扩展模块,不需改变核心模块的代码。

10.3.2　为什么扩展比修改好

上一节把扩展介绍得挺玄乎,那扩展究竟比修改好在哪里呢?我总结原因如下。

- ❑ **理由一**:扩展不会对现有的代码进行解剖式的修改。扩展块是以非耦合的方式添加在核心块旁边,所以扩展对现有系统造成的影响较低。
- ❑ **理由二**:对于每个扩展模块,其信息都是上下文齐全的闭环,是面向单元测试的,测试人员能轻松编写测试用例。
- ❑ **理由三**:if...else 语句一定是集中在相同的核心代码里修改,升级部署风险大。而扩展模块可以分散在不同的代码文件里,甚至是不同的库文件中。这样升级部署的方式多样,这样结合部署方式的灵活性让优势进一步放大。实际案例在第 12 章里有介绍。

10.4　化解 if...else 黑暗面

那么,有哪些高明的手段可以化解掉已经黑化的 if...else 语句呢?

这个问题的答案其实就是开闭原则使用的各种场合,对应各种令人眼花缭乱的招法。本节会结合一个一个的实例,分门别类地来讲解这些招法是如何实现"面向扩展,背对修改"的。

10.4.1　抽出共性

案例:有 3 个业务模块 businessA、businessB 和 businessC,它们分别对应 3 个主界面,每个主界面都由多个单元格组成,每个模块里的单元格风格是不一样的。现有的实现有 3 种单元格类:CellA、CellB 和 CellC。这 3 种界面的单元格元素其实很类似,没必要写三组代码。它们的不同之处可能是里面的图片或文本的相对位置不同,还有字体略有不同等。

那么,统一到同一个 Cell 类,岂不更利于管理且节省代码吗?于是第一遍优化成:

```
class Cell {
    string type;
    public void ShowCell() {
        if(type == "businessA") {
            imagePosition = pointA;
            title.text = "industry";
        }
        else if(type == "businessB") {
            imagePosition = pointB;
            title = "industry";
```

```
            tile.Font = fontB;
        }
        else if(type == "bussinessC") {
            imagePosition = pointC;
            title.isHidden = true;
        }
        Show();
    }
}
```

这里面特地加了一个 type 变量，以便处理每个业务分支的需求。这样 3 种 Cell 逻辑全部都合并到一个 Cell 里了。

可是这样改还不如不改！

难道让文件个数减少，3 个变 1 个，不是好事吗？倘若是 3 个超大且重复的类，合并成一个，还算有所得。但是 Cell 单元格本身就是细力度的类，如此合并的所得是很少的，坏处却是显而易见的：本来不耦合的 3 种 Cell 以及原本互不干扰的三大业务模块，全部因为这么个小 Cell 耦合在了一起。将来添加新的业务类型时，又要添加 if 分支。

我理解这样设计的初衷就是，3 个模块能共享这个 Cell，调用时能统一且方便地进行无参调用。可是把所有的具体逻辑集中到 Cell 内部去判断、去实现，可能是好心办坏事了。

要知道，各个模块所需要的不是一个一团乱麻组成的单元格，而是一个通用的单元格。它应该不用知道自己被谁使用，只关心自己能关心的事情。

说了一大堆问题，该怎么修改呢？这里学习一个为人处世的窍门：如果你是一个老好人，谁都不想得罪且有求必应，那么谁都会让你帮点忙，甚至做些分外事，久而久之你会累得受不了。**如果想摆脱这种困境，就要学会对事不对人。**把你的职责清单对外公布，你可以做哪些事大家事先一清二楚。之后大家会按照你提供的清单找你帮忙，因为是你职责以内的，从此你再也不会为难。

如果顺着这个思路优化，对外脱离业务，对内抽象数据，那么代码将转变成：

```
class Cell {
    // 首先 type 这个业务属性必须剥离出去，然后抽象出大家可能用到的各种数据
    public point imagePosition;
    public string title;
    public Font titleFont;
    public bool titleHidden;
    public ShowCell(); // ShowCell 根据上面数据成员的值来动态显示自己
}
```

这个 Cell 代码算是核心模块代码。之后如何调用 Cell 呢？例如在 businessA 的代码里面：

```
Cell cell = new Cell();
cell.imagePosition = pointA; // 我需要用什么样的东西，自己赋值就好了
cell.title = "industry";
cell.ShowCell();
```

这里的赋值调用是子模块里的扩展代码，彼此隔离。这样做，虽然各自的 business 模块里多了赋值数据的步骤，但这是每个模块应该提供的，属于它们的责任。

重构后的 Cell 能比较好地应对新的变化。假如添加了一个新的模块，新 Cell 只是 imagePosition 不同，那么 Cell 类的代码此时并不需要修改（原来的设计是需要添加 if...else 分支的）!

该优化思路的精髓是把别人对你索取变成你主动对外提供。好比如果你开的餐馆满足不了让客户随便点餐，那么可以去开自助餐馆。这样就可以提前准备好菜，然后客户想吃什么不会直接找你做，而是对已经准备好的菜按需点餐。

10.4.2 利用多态

案例：访问网络一般会有个网络服务层，这里取名为 class NetworkService。里面有各种向网络访问数据的函数：

```
class NetworkService {
    public Person[] GetStudentsInfo();
    public Person[] GetTeachersInfo();
    // 其他 Get 函数
}

// 其中 Person[] GetStudentsInfo() 的大概实现如下
public Person[] GetStudentsInfo() {
    // 获得真实的网络数据
    string data = network.Request(URL, "student");
    // 将网络数据序列化为内存对象
    Person[] students = ConvertStringToPersons(data);
    return students;
}
```

因为这些 Get 方法访问了网络资源，所以不仅是它们，还包括任何调用它们的函数，都没办法进行单元测试了。因此，很有必要给它们加入一个 mock 层，它能提供虚拟数据，这样就能进行单元测试了。

于是开始第一遍的尝试。

添加一个全局变量：

```
static int runMode = 0; // 默认值是 0 代表正常模式，1 代表 mock 模式
```

并将 GetStudentsInfo 修改如下：

```
public Person[] GetStudentsInfo() {
    string data;
    if(runMode == 0) { // 正常模式
        data = network.Request(URL, "students");
    }
    else { // mock 模式
        // 先从一个散列表里获得 key == "students" 的虚拟数据
```

```
        data = mockDataContainer("students");
    }
    Person[] students = ConvertDataToPersons(data);
    return students;
}
```

对于其他的 Get 方法，例如 `Person[] GetTeachersInfo` 等，也做同样的处理，均添加一个 `if(runMode == 0)...else` 分支。

之后，在测试代码里先设置全局变量：

```
runMode = 1;
```

此时所有方法均变成 mock 模式，均从虚拟数据里提取数据了，这让整个测试覆盖率大大提高。

但是如此实现并不完美啊：为了一个单元测试，让主体工程里出现了太多本不应该出现的面向测试代码。修改的过程可能导致出 bug 不说，也让 `NetworkService` 代码的复杂度明显提高。正常来讲，有关测试的所有代码应该出现在单元测试的工程里。可是如何达到这个正常标准呢？

对于这个场景，通常的做法是通过多态，具体步骤如下。

(1) 定义一个接口：

```
interface INetworkService {
    public Person[] GetStudentsInfo();
    public Person[] GetTeachersInfo();
}
```

(2) 让 `NetworkService` 实现 `INetworkService` 接口。为了实现多态，我们把原有的 `static` 方法全部变成非 `static` 的普通方法：

```
class NetworkService : INetworkService {
    public Person[] GetStudentsInfo();
    public Person[] GetTeachersInfo();
    // 其他方法
}
```

(3) 在单元测试工程里，定义一个 `MockNetworkService` 类：

```
class MockNetworkService : INetworkService {
    public Person[] GetStudentsInfo();
    public Person[] GetTeachersInfo();
    // 其他方法
}
// GetStudentsInfo 方法实现
public Person[] GetStudentsInfo() {
    // 先从一个散列表里获得 key == "students"的虚拟数据
    string data = mockDataContainer["students"];
    Person[] students = ConvertStringToPersons(data);
    return students;
}
```

同时，其他函数实现自己的虚拟数据逻辑。

10

(4) 下面决定程序什么时候执行正常访问网络的逻辑，什么时候执行测试逻辑。

还记得第 5 章里介绍的 Container 吗？我们可以应用在这里，在主程序启动的时候注入一个 INetworkService 到 Container 里：

```
INetworkService networkService = new NetworkService();
container["INetworkService"] = networkService;
```

这样将按照正常流程走，那么执行的是正常的访问网络的方法。

例如，有个计算学生和老师总数量的方法：

```
int CountStudentsAndTeachers() {
    // 注意，这里定义的类型一律修改为 INetworkService 接口类型，就是为了利用多态
    INetworkService networkService = (INetworkService)container["INetworkService"];
    Person[] students = networkService.GetStudentsInfo();
    Person[] teachers = networkService.GetTeachersInfo();
    return students.Count + teachers.Count;
}
```

它能够做到在主程序启动后，访问网络数据来得到正确结果。

而如果是在单元测试里调用它，则是访问虚拟数据：

```
void test_CountStudentsAndTeachers {
    int targetNumber = 100;
    // 先往 container 里注入 MockNetworkService 对象
    INetworkService mockNetworkService = new MockNetworkService();
    container["INetworkService"] = mockNetworkService;
    // 再装载虚拟测试数据
    mockDataContainer["students"] = studentsText;
    mockDataContainer["teachers"] = teachersText;
    int ret = CountStudentsAndTeachers();
    Assert.IsTrue(ret == targetNumber);
}
```

本例通过接口将主体工程和测试工程结合起来，是极其常见的用法。

10.4.3　数据驱动

数据驱动也是化解 if...else 的重要手段，但第 6 章已经介绍很多案例了，这里就不再重复了。

10.4.4　动态类型

本书中大部分的知识点是所有语言或大部分语言支持的，而动态类型 dynamic 迄今为止还只是少数语言才支持的高级特性。但我太喜欢 dynamic 了，尤其是它的特性能开拓大家的脑洞，增加见识，所以也一并介绍了。如果不感兴趣，本部分可以略去。

可以先在网上搜一下 dynamic 的特性，这里并不详解。很多资料还详细介绍了 dynamic 的深层原理，我极力建议大家不要去看。我们只需关注它在应用层面的意义就够了，深层原理并不重要。

　　那么，dynamic 在应用层面对大家意味着什么呢？概括来讲，它把我们编译时并不知道也不需要知道的对应关系，推迟到运行期去绑定。它在编译期间是可以绕过编译的，只有在运行的时候才出错。虽然出错的代价更大些，但是能给我们的架构设计带来根本性的变革。能让人目眩神迷的架构设计或重大优化，往往是基于该语言的 **runtime** 支持的特性而产生的。

　　还记得在 8.8.1 节里，我们列举了用函数重载优化 if...else 失败的例子吗？遍历一个数组内的各种元素，在循环体内不用 if...else 判断，想通过函数重载自动根据每个元素的类型执行不同分支的代码，如此尝试失败了。那我们看看用 dynamic 是否能实现函数重载不能实现的目标。请看下面的代码：

```
public void Analyse(dynamic x) {
    Analyse(x);
}

public void Analyse(int a) {
    print("int Analysis: " + a);
}

public void Analyse(float a) {
    print("float Analysis: " + a);
}

// array 里面已经有两个元素，第一个是 int 类型，第二个是 float 类型
foreach(var item in array) {
    person.Analyse(item);
}
```

运行结果将会是：

```
int Analysis: 100
float Analysis: 1.1
```

上面的代码如何解决函数重载无法解决的问题呢？

❑ **编译阶段**：Analyse(dynamic x) 函数的 dynamic 参数对编译器来说其实是 object 类型，于是在 foreach 里面调用 person.Analyse(item) 能通过编译。而最关键的 Analyse(x);这行代码中，由于 x 是 dynamic 类型，所以又能绕过编译。

❑ **运行阶级**：runtime 会对 dynamic 的数据做额外处理，在运行期间能准确寻找并绑定具体的函数。

于是上面这段代码非常完美地解决了处理动态数据的任务，if...else 就这么消失了！

　　在这个基础上，每当 array 添加了一个新类型的元素，如 string 类型，person 只需对应新添加一个处理 string 类型的函数：

```
public void Analyse(string a) {
    print("string Analysis: " + a);
}
```

这也是标准的面向扩展的代码，脱离了 if...else 的约束。

10

- 这个新添加的函数并不知道有多少和它一样的兄弟函数，也不知道谁调用它。
- 它添加的地方，也脱离了 foreach(var a in array) 这条语句的主作用域。
- 这里的核心引擎代码由两部分组成：

```
foreach(var a in array) {
    person.Analyse(a);
}
```

和

```
public void Analyse(dynamic x) {
    Analyse(x);
}
```

每添加一个新的扩展块，这两段核心引擎的代码不变！所以，这样做是健壮的、稳定的。

动态类型为静态语言注入了动态语言的特性。至于静态和动态的比较，我想打个比方说明：静态特性好比是书法里的正楷，动态特性好比是书法里的草书，草书具备更多的便利性和灵活性，但同时也会给读者带来一定的阅读困难。想练好草书，最好拥有一定的正楷功底。

10.5 总结

if...else 是人类的原始思维，以至于经常轻易地让 if...else 出现在它不该出现的场景里。其实很多场合中 if...else 是骑虎难下、难堪大用的。开闭原则正是 if...else 的大救星，通过它可以消除很多已经黑化的 if...else 语句。

前面分析过，已经黑化的 if...else 语句是指：决定重要逻辑走向的且经常变换的 if...else。可以得出，黑化的 if...else 暗含一个重要特征：if...else 分支是经常变化的。这很容易理解：如果不变化，那么写成 if...else 也没有什么坏处。不需要优化，自然也没有黑化的可能。

但在实际迭代操作中，你会发现："想提前判断该 if...else 分支是否经常变换"并不容易：好比你住在火山边，在火山爆发之前你不知道这里有火山；而等它爆发差不多时，也折腾够了，你才决定搬家，有点鸡肋。也就是说，在它没有变化之前，你往往不知道它容易变化；如果等它的变化快完了，你才开始优化，前面的苦也吃过了，此时优化价值也变小了。

因此，架构师在处理 if...else 分支的时候要两头注意。

- 在 if...else 分支的易变性没有暴露之前，不要盲目进行 if...else 的优化。因为这样很容易为了优化而优化。把代码变重了，逻辑变复杂了，却没有产生期望的价值。
- 及时预判 if...else 分支会有经常性的变化。此时不要继续勉强用 if...else 去实现，需迅雷不及掩耳之势将它优化掉。时机很重要！它需要准确预判，也需要行动果断。这句话其实不仅仅适用于 **if...else**，也适用于很多其他种类的重构。

第 11 章

挖掘一件神秘武器—— static

static 关键字既简单又复杂，值得反复琢磨。而它的特性，让它对架构设计产生举足轻重的影响，这是别的关键字不能比的。所以，本书单独开辟一章，讲一讲和 static 相关的代码设计的知识。

11.1　static 神秘在哪里

static 关键字在各种语言里的用法差别很大。例如，在 C 语言里面，static 还能定义在函数里面，修饰本地变量，这不在我们的讨论范围之内。本章中，我们只讨论 static 在面向对象语言里的作用，包括 static 修饰的静态数据和 static 修饰的静态函数。尤其是静态函数，将是我们讨论的重点。

我们先从 static 数据谈起。static 数据的特性是什么？简而言之，是同属一个类的所有对象共享同一个变量。

这确实是 static 数据最基本的特征。那么，在应用层面呢？它很大的一部分作用是代替全局变量。好比各种酒的酒精纯度有高有低，各种 OO 语言的 OO 纯度也是有差别的。在 OO 纯度相对高的语言里，例如 Java 和 C#，它们规定任何变量必须隶属于某个类，就没有全局变量了。但也有很多纯度没那么高的 OO 语言，是支持在类的外面定义全局变量的。一旦支持全局变量，就会发现 static 数据使用的频率大幅减少，其应用场景一般缩在类的单例模式里。

不过这个知识点并不神奇，充其量只是一个很普通的小知识点。要深入探讨 static 的神秘之处，先探讨一个问题：静态函数有什么不可替代的作用呢？

我们知道一个类里的数据成员既有 static 静态数据，也有普通数据。其中静态函数只能操作静态数据，不能操作普通数据：

```
private static int count = 0;
private int index = 0;
public static void Login() {
    count ++; // static 变量既可以在static 函数里访问，也可以在普通函数里访问
```

```
        index ++;  // error: static 函数对普通成员变量是禁区！
    }
```

而普通成员函数既能操作普通数据，同时也能操作静态数据：

```
public void Login() {
    count ++; // static 变量既可以在 static 函数里访问，也可以在普通函数里访问
    index ++;  // 普通成员变量只能在普遍成员函数里访问
}
```

那么问题来了：既然数据是根本需求，代码是手段，普通成员函数已经能操作所有的数据，能够实现所有的需求了，那么 static 函数还有存在的意义吗？或者换个角度问：有什么功能是 static 函数能办到，而普通类函数办不到的？似乎没有！例如：

```
MyClass.MyMethod();
```

它所有的应用场景都可以被下面两句话代替：

```
MyClass obj = new MyClass(); // 唯一不好的是每次要多创建一个新的 obj 对象，浪费内存
obj.MyMethod();
```

那么，static 函数存在的意义仅仅是为了节约一丁点内存吗？

为什么这么一个连存在意义都要受到质疑的 static 函数，能对架构设计产生重大影响？

怀着这几个问题，接下来我们循序渐进地深入探讨 static 函数的特性，进而探讨 static 相关的架构设计。

11.2 static 的特性

想要探讨 static 相关的架构设计，必须先弄明白 static 自身所带来的特性。因为有关 static 的架构设计，都是建立在它的特性之上的。

11.2.1 对代码的直接访问

这是最显而易见的功能，static 函数提供了让你一步调用代码的功能，无须额外创建一个对象数据。例如，工具包函数：

```
Math.Add(int a, int b);
```

如果不使用 static 函数，我们也可以正常使用：

```
Math math = new Math();
math.Add(int a, int b);
```

但很明显，定义成 static 函数，调用时更直观：

```
Math.Add(int a, int b);
```

这带来两个小小的好处：

❑ 能省去一行代码；

❑ 同时省去创建一个临时对象的内存空间。

不过如果仅仅是这么一点可怜巴巴、可有可无的作用，static 是不足以称为一件神秘武器的。接下来，我们继续往下看。

11.2.2 隔离性和游离性

一个类中的所有普通函数共享着该类的所有数据成员，所以它们是紧密耦合在一起的。

但 static 方法既不能操作普通类数据成员，也不能直接操作同一个类的普通类函数。好像班级里混入了一个和大家格格不入的小孩，这是它的隔离性。

根据隔离性，又衍生出另一个神奇的特性：游离性。

从编译角度来讲，static 方法和数据放在哪个类里面，其实不太重要。你甚至可以放心地把某个类的 static 方法和数据都移植到另一个类里。调用时修改前面调用的类名即可，只要通过编译，就不会带来潜在 bug。

可以看出，static 方法和所在类的关系并不是拥有者的关系，类名对 static 方法来说只是一个分类的标签而已。例如：

```
class Math {
    static public int Add(int a, int b);
}
```

Math 类并没有拥有 Add 方法，Add 其实可以放在任何其他类。Math 只是 Add 所在分类的一个组标签，这样去理解 static 方法是更准确的。

这便是 static 方法的游离性。普通类函数对类的关系像狗，对主人忠心耿耿；static 方法和所属类的关系更像旅客和旅馆，它的位置可以随时根据架构调整而更换。

11.2.3 将函数参数反客为主

我们设想一个普通的类函数调用，例如：

```
person.Eat(food);
```

翻译成自然语言就是"人吃食物"，主语 person 是对象名，谓语 Eat 是函数名。

那么，上面例子中相应的 static 函数调用呢？这时候，其实我们并不太关心类名了，先暂时随便取个名字 xxx 吧。然后定义成：

```
xxx.Eat(food);
```

可惜这样是不行的。它有谓语 Eat，有宾语 food，但没有主语，不知道是谁要吃饭啊。是人吃？是狗吃？所以这里需要一个参数充当主语：

```
static xxx.Eat(Person person, Food food);
```

11

或者

```
static xxx.Eat(Dog dog, Food food);
```

这时候奇妙的化学反应出现了——person 和 dog，它们虽然作为函数的参数，但本质上是整个函数的主角。

理解这一点很重要，**static 的秘密作用是将类名淡化了，而突出了参数的重要性，参数由原来作为宾语的辅助位置上升到了主语的领头羊位置**！正是这么点区别，能对我们的架构设计产生很大的影响。那么，影响是什么呢？在下一节中，将会一一解答。

11.3　**static** 的应用场景

基于上一节介绍的 static 函数的神奇特性，本节接着介绍基于这些特性而产生的相关应用场景。每一种应用场景都颇具价值，这也是称 static 为神秘武器的原因。

11.3.1　实现工具包函数

我们经常定义不少工具包，比如取名一般是 Util 或者 Helpers 之类的。例如，我们自己实现加减法：

```
class Util {
    static public int Sum(int a, int b);
    static public int Minus(int a, int b);
}
```

这是 static 使用很广的应用场景。

11.3.2　实现单例也有门道

static 是实现单例模式最常用的方式，示例如下：

```
public ClassA {
    public static ClassA SingleInstance {
    if(_singleInstance == null)
        _singleInstance = new ClassA();
        return _singleInstance;
    }
    private ClassA(){
    }
}
```

该例子对外屏蔽掉构造函数，逼迫大家去使用单例数据：ClassA.SingleInstance。

如果不考虑多线程，那么单例模式还是蛮简单的，算是最简单的设计模式了。但接下来，我想探讨一个和单例相关的、非常有意思的问题。我相信大家都遇到过下面两种 static 的使用方法，它们有什么差别呢？又该如何选择呢？

❑ 第一种：类里面全是 static 方法。示例如下：

```
public ClassA {
    static public void FuncA(Object a) ;
    static public void FuncB(Object b) ;
    static public void FuncC(Object c) ;
}
```

❑ 第二种：类里面没有 static 方法，只对外提供一个 static SingleInstance 单例对象，只能通过该单例对象访问类方法。相关代码如下：

```
public ClassA {
    public static ClassA SingleInstance {
        if(_singleInstance == null)
            _singleInstance = new ClassA();
        return _singleInstance;
    }
    private ClassA(){};
    public void FuncA(Object a);
    public void FuncB(Object b);
    public void FuncC(Object c);
}
```

这两种实现有什么区别呢？

显而易见的是，调用形式不一样，第一种实现是：

```
ClassA.FuncA(a);
```

而第二种实现是：

```
ClassA.SingleInstance.FuncA(a);
```

很难说这是对我们有价值的区别。再深究一下，第二种实现中，ClassA.SingleInstance 至少会创建一个 ClassA 对象，内存里多了一份空间，而第一种实现没有。其实这也是假象，第一种实现方式的 static 数据成员（假设有的话）也要占内存空间的，加起来的大小和这个单例对象的大小是一样的！大家可以仔细琢磨一下。

如果仅从语言特性的角度去分析，那么得不到这个问题的答案。初学者在学习过程中需要研究语言深层次的原理，经常琢磨这个技术对编译器或系统意味着什么。养成习惯后，对有些细节往往会研究过了头。其实工作久了，尤其作为一个架构师，更应该反过来，要领悟到这个技术特性对你意味着什么，会给你带来什么便利。我们要善于更多地从业务角度去分析问题，让每一个语言特性真正为我所用。回到前面的问题，这两种实现在应用角度有什么区别呢？

在第一种实现中，类全是 static 函数，该应用场景的特点如下。

❑ 函数之间的关联没那么紧密，这里的类名更像组名、班级名而已，里面有一组相关联的函数。

❑ 它们应该都是无状态的函数，彼此调用互不影响，类里面应该没有 static 成员变量（如果有，就需要反思一下了）。

所以，该应用场景集中于工具包函数或下节要介绍的类扩展函数。

11

第二种实现是单例模式，该应用场景的特点如下。

- 类里面的方法之间更是一个紧密的整体，函数之间会有耦合，它们之间可能共享数据成员变量。
- 它其实就是一个普通的类，所以可以继承或实现接口等，只不过这个类只提供单例对象。
- 类名就已经透露出天然的唯一性，比如 Earth。

如果弄混了应用场景,本该静态单例实现的却用 static 函数实现,那就意味着多个 static 函数操作 static 共享变量，通常会给维护带来高于预期的困难。因为 static 变量是没有生命周期的，或者说生命周期等同于程序运行周期。它永远在那里，需要你时时刻刻地去维护。下面列举一个真实案例：

```
public class ModelOperation {
    static int count = 0;
    static string name = "";
    public static void Reset() {
        count = 0;
        name = "";
    }
    public static void Operation1() {
        Reset();
        // 做一些操作
    }
    public static void Operation2() {
        Reset();
        // 做一些操作
    }
}
```

这里函数 Operation1 和 Operation2 等一开始都要执行一遍 Reset 函数，生怕被他人之前的操作所干扰。但是通过单例模式，能让我有个单独的地方做一次总处理，这就简单多了：

```
public class ModelOperation {
    ModelOperation _singleInstance;
    public ModelOperation SingleInstance {
        if(_singleInstance == null)
            _singleInstance = new ModelOperation();
        else
            _singleInstance.Reset();
        return _singleInstance;
    }
}
```

再例如，在很多语言的系统类库里，都有一个消息广播类，比如 NotificationCenter：

```
class NotificationCenter {
    public static NotificationCenter defaultCenter;
    public void AddObserver(object obj, string eventName);
    public void RemoveObserver(object obj);
    public void PostMessageName(string eventName, object param);
}
```

一般情况下，我们都采取单例模式，其原因如下。

☐ 从 NotificationCenter 里面的 3 个函数就清楚知道，它们是紧密耦合的，相互配合的，必须要在一起。甚至光从这些函数的名字，就能推测出它们内部是怎么实现的：里面必然有个 observerArray 这样的私有变量数组，用来存储 observer。也就是说，它们紧密耦合的前提是通过内部的私有变量数据进行串联绑定的。

☐ 假如采用 static 函数实现，那么 NotificationCenter.AddObserver(obj, eventName);这句代码会让我疑惑 Observer 被添加到哪里去了？而 NotificationCenter.defaultCenter.AddObserver(obj, eventName);能让我立刻意识到 Observer 是添加到了单例对象 defaultCenter 里了，理解更自然。

11.3.3　实现类扩展

这个应用场景非常重要，是程序员进阶之路上需要掌握的一个很重要的知识点，必须重点讲解。

前面讲了 static 能让参数反客为主，那么会让哪几个参数反客为主呢？这个问题很重要，它直接决定用途的种类。**如果只是让第一个参数（而且是类参数）反客为主，那么可以实现类扩展**。例如：

```
class PersonExtension {
    static void Drive(Person person, Car car);
}
```

类扩展是一个很重要的概念：在不添加子类的前提下，它可以实现对已知类功能的扩展。上例中，Person 类多了一个名为 Drive 的扩展函数，从此 Person 具备了 Drive（驾车）的能力。

注意：类作为一个 static 函数的第一参数，并不意味着该函数一定能成为这个类的类扩展。反例很容易找，如下面的 Vote 函数：

```
static public void Vote(Person person) {
    votedList.Add(person);
}
```

该函数仅抽取了 Person 的个人信息，并将其存入到整体的投票人列表里。这种应用场景并没有扩展 Person 本身的功能，所以就不是对 Person 的扩展。

可能你会疑惑：扩展了 Person 的功能我理解，但这个 Drive 函数里的 static 有存在的必要吗？如果把 Drive 前面的 static 去掉，定义成：

```
class PersonExtension {
    void Drive(Person person, Car car);
}
```

这样做也未尝不可啊。

如果去掉了 static，能用但不完美，理由如下。

11

- ❑ 理由一：这样做，行！但明明有更好的方式，你却不用。不用 static，就得先创建一个 PersonExtension 对象：

```
PersonExtension px = new PersonExtension();
px.Drive(person, car);
```

　　px 对象里并没有启动任何数据，**你创建这个对象的唯一目的就是访问代码区的方法。但是 static 方法可以让你直接访问代码区啊！**

- ❑ 理由二：PersonExtension 本应该是被淡化的词汇语境，这个名字根本不重要。创建一个临时对象出来，名字的重要性又被加强了，反而影响了代码阅读性。

　　由上面两个理由可以知道：添加 static 修饰，只有好处没有坏处，那当然是加上为好。

　　但你可能还会有接下来的疑惑：无非是让 Person 多一个 Drive（驾车）的能力，为什么不干脆把 Drive 函数添加到 Person 类里面去呢？这样一目了然，找起来也方便。例如：

```
class Person{
    public void Eat(Food food);
    public void Drive(Car car); // 把 Drive 定义为 Person 类的普通成员函数
}
```

　　而通过扩展函数把 Drive 函数实现在另一个类 PersonExtension 里，弄得 Drive 函数和 Person 类相隔甚远，找起来都不方便，何必呢？

　　对于这个疑问，我们拆分为两点。

- ❑ 扩展函数和主体类分开，有什么优势吗？
- ❑ 扩展函数找起来不方便，怎么办？

　　先回答第一点疑问：扩展函数和主体类分开，有什么优势吗？

　　类扩展函数实现了类功能的可拆卸性。扩展的文件一般和主体类所在的文件是分开的，甚至可以在不同的库文件里。你需要引用才能访问到，不引用就访问不到。这实现了功能的可拆卸性。而不再引用的扩展，日后悄悄删除也是极其安全的。所以为了日后删除考虑，扩展函数所在的物理文件一般和主体类函数是分开的。

　　这当然是巨大的优势。

　　同时该优势隐藏了一个重要信息：**只有可能被拆卸的功能，才适合放在类扩展中。**后面还会有案例介绍。

　　接着回答第二点：扩展函数找起来不方便，怎么办？

　　其实有不少语言发明了专门的关键字去实现扩展，但需要编译器和运行时共同支持。例如，Objective-C 里的 category、Swift 的 extension、C# 语言的 this 关键字和 static 连用。

- ❑ 在 Objective-C 里面，有个 category 的概念。category（非匿名）里面是不让新增类的数据成员变量的，只能定义一系列扩展函数。这些特性和 static 扩展方法的特性是一致的。

❑ 而 Swift 里面，也有类似的 extension 关键字来支持扩展。

❑ 在 C# 里，添加了 this 关键字和 static 连用，强化了 static 实现扩展的功效。

这些技术都可以让扩展函数的调用和普通类函数一样方便，下面以 C# 的 this 关键字为例：

```
static void Drive(this Person person, Car car);
```

调用如下：

```
person.Drive(car); // IDE 里敲完 person.的时候，Drive 便出现在后补函数里，无须去寻找了
```

如果类扩展函数和类函数重名，怎么办呢？比如 Person 类里本来就有一个 Drive 函数，这就和外面的扩展函数 Drive 冲突了。对于这种情况，每种语言的态度不太一样。C# 相对谨慎，如果重名的话，访问的依旧是类函数。与 C# 只在编译层级的支持不同，Objective-C 和 Swift 支持的力度更大，有运行时级别的支持。扩展函数会覆盖类函数本身，那就意味着外层能够通过扩展函数修改类本身的行为。但是，这有破坏封装的嫌疑。此外，由于有强大的运行时支持，Objective-C 和 Swift 的类扩展可以被子类继承，这也是 static 不能做到的。

总的来说，类扩展是一种设计思路，不是指某一种具体技术。实现类扩展的技术不只一种。很多语言并没有专门的技术去实现类扩展，但总得支持 **static** 吧，所以 **static** 是实现类扩展最通用的技术。有专门的技术实现的好处是让"这些套在身上的假肢"看起来更像真的。而通过 static 实现难免会和普通的 utility 函数混在一起。如果你的语言没有专门的技术去支持类扩展，也没什么大不了。只要把其中的概念搞得足够清楚，把 static 的扩展函数定义在专门的文件里，那么寻找起来也不是难事。

那么，类扩展函数的使用场景呢？大概有如下两种。

第一类场景：对主体类瘦身

扩展函数有个局限性：它们只能基于对象的 public 数据和 public 方法进行扩展。这显然是废话：一个外部方法当然只能访问内部的 public 方法和数据。但是这句话的反面却值得我们深思：如果你定义了一个类方法，它并没有用到本类里的 **private** 或 **protected** 数据或方法，是否应该重新思考能不能考虑用扩展实现呢？

如果适合用扩展，并将其移除出去，不但让主体类的代码得到简化，而且扩展功能日后可拆卸，何乐而不为？

可要注意啊，当一个方法只用到本类的 public 数据和方法时，仅是优先考虑用扩展实现，并不是一定去选择扩展哦！这仅是能实现扩展的一个前提！千万不要教条化。那如何在"类的成员方法"和"扩展方法"进行选择呢？这还是要回到业务需求，根据具体业务语境进行分析。

如果一个方法是任何场景下都可能用到，那么理所当然定义成类成员方法。如果只是局部场景下可能用到，则优先定义成类扩展。举例如下。

在一个游戏系统里面，有一个类：人。它有两个方法，均没有用到私有变量：一个是"开汽车"，一个是"吃饭"。该类的代码如下：

11

```
class Person {
    public void Drive(Car car);
    public void Eat(Food food);
}
```

这个游戏设计中有两个游戏场景：一个是在城市中赛车，一个是海里游泳。

那么，"开汽车"就很可能要移除到外面的类扩展函数中，因为你在城市中竞赛是需要开汽车的。但切换了一个游戏场景，大海里游泳，此刻就不需要开车了。所以 Drive 并不是所有场景都需要的能力。

而所有场景都需要"吃饭"。所以 Eat 方法就应该定义在 Person 这个类里，Drive 函数则最好移除出去：

```
class Person {
    public void Eat(Food food);
}

class PersonExtension {
    static public void Drive(Person person, Car car);
}
```

如果发现玩家不喜欢玩开车的场景，则需要删除。如果不去引用 PersonExtension 这个类所在的文件或 lib 库，那么这人根本就不知道他还有"开汽车"这项技能。哈，记忆被移除，已经遗忘得一干二净了。

到目前为止，类扩展很好，大家似乎把一个更基本的技术给遗忘了——继承。那么，上面的需求用继承来实现，会怎样？你看：我定义一个 Driver 司机类，继承自 Person 类：

```
class Driver: Person {
    public void Drive(Car car);
}
```

在我不用的时候，可以把这个 Driver 类删除，这样也可以做到"可拆卸性"！那么，通过继承实现和扩展实现，这两者到底有什么区别呢？这个问题没那么好回答，却比较重要。从纯理论上看，区别有点微妙。

❑ 用扩展实现，是包在外层的轻量级的修饰关系。这个例子里，等于是说"从此游戏里面的人们会开车啦"，但每个人的标识依然是由 Person 主类决定的。

❑ 用继承实现，则每个人的标识是由子类类别决定的。

这从业务需求去区分，更容易理解些。

❑ 如果游戏场景不需要不同职业的标识，每个人既要开车又要游泳，那么还是优先用类扩展实现为好。

❑ 假如游戏的场景需要各种不同职业的标识，比如赛车手的身份和游泳运动员是不一样的。一个游泳运动员是无法进入赛车场地的，同时赛车手也无法进入游泳馆。这样的场景，则适合使用多个子类继承。

下面举一个适合用继承的场景：例如定义了一个 Driver 子类，它有驾车的功能：

```
class Driver : Person {
    public void Drive();
}
```

那么可以推测：和 Driver 并列的 Swimmer 子类是不会开车的。因为**不同子类新添加的独特功能一般是互斥的**。Swimmer 子类的代码如下：

```
class Swimmer : Person {
    public void Swim();
}
```

而在外层函数中，可以这样调用：

```
void DriverGame(Person person) {
    if(person is Driver)    // 能用子类直接判断，这便是继承的优势
        DriveCar(person);
    if(person is Swimmer)
        RejectGame(person); // 赛车比赛拒绝游泳选手参加
}
```

第二类场景：对第三方类的扩展

工程里引用的一些类库来自第三方的类库或系统类，你并没有源代码或者修改它们的权限。假如 Person 类在第三方库，你想为它增加一个吃饭的功能，该怎么办呢？

当然，直接添加在 Person 类的源代码里面最省事：

```
class Person {
    public void Eat(Food food);
}
```

可如今你并没有修改 Person 源代码的权限，那就定义一个 Person 的子类吧，例如 PersonEx 类：

```
class PersonEx : Person {
    public void Eat(Food food);
}
```

但是在这种情况下，为了添加一个小功能新定义一个子类，显得太重了。而且使用起来更麻烦：为了保持兼容性，你需要在程序里将所有已经使用 Person 类的地方替换为 PersonEx 类，还要通知其他人以后都要这么用。这里用轻量级的类扩展来实现，会非常方便：

```
class PersonExtension {
    static public void Eat(Person person, Food food) {
        person.Energy += food.Calorie;
    }
}
```

将来，可以这么调用：

```
PersonExtension.Eat(person, food);
```

第三方类的扩展反而是大家遇到类扩展需求的入门场景，使用频率极高。之所以把它放在后

11

面讲，是因为先理解第一类场景的精髓——从类的设计就开始介入类扩展的思维，能更深入地去理解类扩展。

类扩展总结：类扩展绝不仅仅是扩展已经存在且不能更改的类，它在类的设计之初就能产生影响力。它同样能扩展新功能，避免定义类的新层级，避免增加额外的类标识。功能拆卸也更隐蔽，比继承更轻量级。

11.3.4   让数据互动起来

上面所说的 static 扩展是让第一个参数反客为主，给第一个参数对象增强了技能，好比是游戏里给人物穿上了新装备，这属于对静态的描述。

与之对应的有对动态的描述：这就是 static 函数让多个参数反客为主的情况。它能让不同对象之间产生关联，发生互动。举例如下。

一个二手书交易平台中，有卖家和买家两个角色。卖家卖给买家一本书，那么卖家减少一本书，同时买家得到一本书；卖家得到一笔钱，同时买家付出一笔钱。那么，交易这个动作，到底应该添加到卖家的 Sold 函数里，还是买家的 Buy 函数里？感觉都不太合适。例如：

```
class Person {
    Book[] books;
    public SoldBook(Person buyer , Book book){
        this.books.remove(book);
        this.money.add(book.price);
        buyer.books.add(book);
        buyer.money.minus(book.price); // solder 似乎没有权力直接从 buyer 口袋里掏钱
    }
}
```

直接在卖家的 SoldBook 方法里去操作买家的钱，好比卖家直接从买家口袋里掏钱，这多不好意思。

最好有个中间媒介。在外层定义一个 SoldBooks 函数来实现买家和卖家两者数据的互动：

```
class BookService {
    // 同时将 solder 和 buyer 两个参数反客为主，它们才是主语
    static public void SoldBooks(Person solder, Person buyer, Book[] books);
}
```

这样设计也是符合现实模型的，卖书的人根本不关心书卖给了谁，他只关心得了多少钱。只有外层平台才关心每笔的交易。

这类方法是描述多个对象之间的互动关系。它们在参数里的先后顺序，并没有那么重要。

11.3.5   构建上层建筑

接下来讲的才是最精彩的、个人认为最有营养价值的内容：**用于实现基础功能之上的复合服务**。

有经验的编程战士都有体会：开发时遇到的需求太多了。有的是内部功能的实现，有的是提供外部调用的函数定义。若同时兼顾内外需求，很容易会弄得思路不清，越理越乱。这时候就需要架构师的需求整理能力：理清楚外部需求是上层建筑，内部需求是底层地基。外部需求往往可以展现为内部需求的复合需求。如果是这种情况，那么需要分而治之。

❑ 我们先考虑踏踏实实专注内部功能的完整实现，暂时不理会外部的定制化复合需求。

❑ 基于内部的子功能定制不同的复合功能。通过 static 函数的形式提供对外的定制化服务。

图 11-1 给出了定制化服务的结构图。

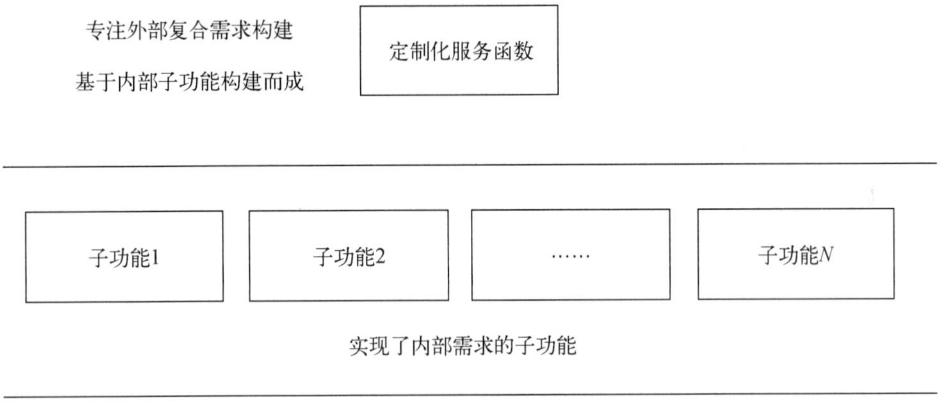

图 11-1　定制化服务的结构图

这里举一个实际案例：我有 3 种搜索类，分别对应搜索 3 种产品。相关代码如下：

```
interface BaseSearch {
    Product[] Search();
}
class ProductASearch : BaseSearch {
    Product[] Search();
}
class ProductBSearch : BaseSearch {
    Product[] Search();
}
class ProductCSearch : BaseSearch {
    Product[] Search();
}
```

有好几个公司想购买我的搜索服务，但需求不同。假设 W 公司，只想要 Product A 和 Product B 产品信息。Y 公司只想要 Product C 产品的信息。可以看到：这些需求其实是子功能之上的定制化复合功能。

而 static 函数正是构建服务函数的主要形式：

```
static public Product[] SearchProduct(bool a ,bool b, bool c) {
    Product[] products = new Product[]();
    if(a) {
```

11

```
        ProductASearch searchA = new ProductASearch();
        products.Add(searchA.Search());
    }
    if(b) {
        ProductBSearch searchB = new ProductBSearch();
        products.Add(searchB.Search());
    }
    if(c) {
        ProductCSearch searchC = new ProductCSearch();
        products.Add(searchC.Search());
    }
}
```

我们还可以在这个 service 函数之上，继续构建定制化的服务函数：

```
static public Product[] WCompanySearch() {
    return SearchProduct(true ,true , false);
}
```

WCompanySearch 方法是为 W 公司量身打造的，是针对 W 公司的特供产品。

下面总结一下定制化服务函数的特点。

□ **特点一：它像是一层外衣披在高高的积木之上。** 编程就像搭积木游戏，积木已经垒得很高了，内部数据都已经准备好了，但相互之间缺乏沟通，参差不齐，外部很难方便地调用。数据已经准备齐全了，所以这时候并不需要定义一个新的类，缺少的只是一些方便外部用户调用的函数。所以最后一步很重要，辛辛苦苦完成那么多，就差临门一脚，把最重要的门脸安装上去，不能不认真对待啊。

从这个角度可以得出，要完美地完成一个模块，通常有两个阶段。

第一阶段，程序员是面向模块的内部功能实现，并没有刻意花心思去思考面向外部的卖相。一旦他的子功能都已经准备好了，外部调用现有的功能一定能完成任务，只是可能使用时麻烦点而已。

第二阶段，在现有的功能之上，披了一层为用户量身打造的外衣，降低用户的学习成本，让用户用得方便。

□ **特点二：底层功能绝不知道上层定制化服务的存在，它们之间永远是单向依赖。** 由于是定制化服务，所以这些服务函数经常会根据用户的改变而进行相应的改变，而它们的更改是不会影响底层功能的。

□ **特点三：由于简化用户使用是它的最主要目的，所以通常它是无状态的。** 每次调用时，输入的信息是完备的。只要准备好了完备信息，就能直接使用，无须多虑。

□ **特点四：static 函数是定制化服务函数的主要实现形式。** 借助 static 特性。让定制化服务函数的定义极具视觉效果，更简洁省事地强调了该函数的重要性！加上定制化的函数名，让它显得更醒目。

相信我，用户能一眼就注意并喜欢上定制化服务函数。你想想，当用户试用一个新产品，面对复杂的操作一筹莫展时，客服对他说"不用担心，你只需要告诉你想要的，其余的我可以替你操作"，他心里甭提多高兴了。

11.4　总结

`static` 不是面向对象而产生的技术，是从传统的全局数据和函数演化而来的技术。它不能被继承，更不能被多态化。但它对代码的组织方式是面向对象的有力补充，它让你的代码变得方正、优美。

`static` 数据可以充当全局数据，并且可以实现单例。

`static` 方法可以实现工具包和类扩展，可以让数据互动，还能构建复合需求的服务函数。

11

第 12 章

把容易变化的逻辑，放在容易修改的地方

生活中，如果最常用的衣服放在最底层，每次拿和放都要翻开所有的衣服，岂不是愚不可及？我相信每个人会将经常换洗的衣服放在衣柜里最容易拿的地方，最上面或最外面。

代码也一样，需要经常修改的地方，修改难度却很大，或修改风险很大，会牵一发而动全身，这样的架构是需要优化的。怎么办？本章标题已经给出了答案：把容易变化的逻辑，放在容易修改的地方。

下面列举几个真实的项目案例，对该技巧进行全方位的分析。同时，本章也试图用一种全新的方式介绍这些案例，这也是我一直想要做的尝试。对于我来说，**代码是日记，背后是故事**。程序员每次提交的代码，对别人而言只是冷冰冰的代码，但对于自己而言是有温度的。它不仅仅是代码本身，还是一本一本的日记，背后记录了一个一个只有我们自己知道的故事。有的令人心酸，查找了很久才发现是一处很不起眼的小疏忽；有的令人振奋，大段代码一遍通过，一个 bug 都没有；有的让人沮丧，在同一处不断地出现 bug，不停地缝缝补补，伤疤越叠越深。**你对编程的兴趣，最终都来源于从最理性的代码中获得的感性记忆。**而我们有太多的故事和精彩的瞬间被埋没在程序员们的大脑里，很可惜。

接下来，我以讲故事的方式讲解这些案例，这也是巩固那些记忆的方式。下面列举的是程序员和周围发生的各种故事：和客户的故事，和运维人员的故事，和销售的故事，和产品经理的故事等。因为程序员和他们之间发生的最常见的故事是应付各种突如其来的变化。这里让大家研究案例，了解如何"把容易变化的逻辑，放在容易改变的地方"的同时，也直观感觉一下这些代码背后的那些精彩故事。

12.1 一个和用户的故事

关键词：数据比代码更容易承载变化。

项目背景：这是一个自动化项目，它模拟用户手动操作产品的步骤，用程序自动化去完成。

所有自动化项目的原理都是一样的：例如，针对模拟页面 A 里 B 按钮的点击动作，必须先手工找到这个 UI 控件的 ID 并记录下来。程序根据 ID 进行绑定后，才能进行一系列的事件操作。

例如，要在 login 页面完成两个动作：

❑ 对 textbox 输入一串字符串；
❑ 点击 login 按钮。

最初的代码是这样写的：

```
void loginPage() {
    Textbox tbName = win.FindControlByID("\user\2334\ddel\werd"); // 长长的ID
    tbName.Set(name);
    Button loginButton = win.FindControlByID("\user\1478\ddea\dfdfd"); // 长长的ID
    loginButton();
}
```

这个项目需要我们去客户现场开发代码。

之所以去遥远的客户现场，是因为要进入他们的局域网，才能获得这些控件宝贵的 ID。

我们曾经请求能否通过远程 VPN 进行访问，用户出于安全考虑，会断然拒绝。

所以，这个项目的痛点是每一次新需求开发或者修改 bug 时，你要坐飞机去一个遥远的城市，到客户那里现场编程，而且要求定时、定点完成任务，压力超大。

随着项目的进展，你会发现只要用户系统一升级，ID 就会经常变化。于是你又要重新飞到用户现场，重新手工找到控件的 ID，更新代码，编译和部署。折腾你噩梦重来一遍的仅仅是一个小小的 ID 的变化，请问你该如何平复内心的狂躁？

如何能在用户系统升级后，我们做最少的改变呢？

数据驱动！

先构建一个散列表：

```
Dictionary dic = LoadDataFromFile(file);
```

其中 file 是一个可配置的 XML 文件，其内容如下：

```
<xml>
    <id key="loginPage/nameTextbox" value="\user\2334\ddel\werd">
    <id key="loginPage/loginButton" value="\user\1478\ddea\dfdfd">
    ......
    <-- 这里有所有的 page 的控件 ID -->
    ......
</xml>
```

key 是按照 page/controlName 的格式编排的。构建完 ID 的散列表之后，封装一个访问该散列表的基本函数：

```
public Control GetControl(string key) {
    try {
```

12

```
        string id = dic[key];
        win.FindControlByID(id);
    }
    catch(Exception) {
        return null;
    }
}
```

此时，之前的 `loginPage` 函数就变成：

```
void loginPage() {
    Textbox tbName = GetControl("loginPage/nameTextbox");
    tbName.Set(name);
    Button loginButton = GetControl ("loginPage/loginButton") ;
    loginButton();
}
```

其实重构的思路很简单。这样做的好处显而易见，具体有如下几点。

❑ `loginPage` 函数里是彻彻底底的业务逻辑，因为 `GetControl("loginPage/nameTextbox");` 对用户来说具有清晰的语义，就是获得 login 页面里名字为 name 的 textbox 控件。而之前的 `Textbox tbName = win.FindControlByID("\user\2334\ddel\werd");` 是将用户完全不关心的 ID 内容暴露给所有阅读者，其实大家并不关心这个内容到底是什么，也看不懂这是个什么控件。更何况，这个 ID 还经常变换。硬将 ID 写死在代码里，会导致整个程序需要经常更新。

❑ 更容易更改。在之前的实现中，一个控件的 ID 可能会有多个地方在用，变化之后则需要更改多个地方，容易漏掉。现在修改完配置文件后，是不可能漏掉的。

❑ 将可变的内容封装到了数据文件里，使产品的维护方法发生了根本性的改变。事实上，我们也是这么做的：我们仅仅培训了用户的一名技术人员如何手工得到那些控件的 ID 值，然后让他们手工更新 XML 文件里的内容，重启程序即可。当然，实际的实现远比这个复杂，但中心思想就是采用数据驱动的方法。

这个架构的成功实施，不但为公司省下了大量交通费和差旅费，更为自己省去了奔波之苦，产生的价值立竿见影，可谓看得见摸得着。

这个案例告诉我一个重要经验：如果你的生产环境不如意，那么会很大程度地限制人力的发挥。设计架构时，要考虑到开发环境和调试环境，把瓶颈问题解决好。

12.2　一个和销售的故事

关键词：动态库比可执行文件容易改变。

项目背景：我们的程序支持用户将相同的业务逻辑生成不同的语言代码：如 C++ 代码、C# 代码、Java 代码以及 Python 代码等。

最初的设计是各种语言的实现用 `if...else` 判断：

```
if(language == "C#") {
    GenerateCSharpCode(data); // 逻辑简化了，真实版的逻辑超级复杂
}
else if(language == "C++") {
    GenerateCPlusCode(data);
}
else if(language == "JAVA") {
    GenerateJAVACode(data);
}
```

而用户使用的界面菜单中，可以选择生成哪个语言，但界面菜单的选项也是写死的。

于是我开始重构这段代码，思路是采用插件式开发。

将每种语言的实现封装到一个一个独立的动态库文件里去，实现了物理隔离。于是有 CSharpGenerator.dll、CPlusGenerator.dll 和 JavaGenerator.dll 等。对于每个动态库文件，我都会实现一个通用接口，以便主程序调用：

```
interface GenerateCode {
    string GenerateCode(string data);
}
```

程序启动的时候，会扫描当前文件夹中所有名字格式为***Generator.dll 的文件，并加载它们。

界面的菜单选项，也是根据扫描的所有动态库文件的信息动态呈现的。

这种插件式开发有个巨大的优势：当你想支持或取消什么功能时，将独立的动态库文件放进去或拿出来，重新启动程序即可。

戏剧性的事情还在后头：当整个程序的最新版本经过严格测试并发布之后，有个销售知道了这个功能，并询问能不能发布一个新版本以支持 Matlab 语言？他们已经有生成 Matlab 语言的整体驱动包，我们只需要简单调用就行，改动很少。

领导很委婉地对销售说：很抱歉，因为要支持新的语言，需要重新发布一个版本，哪怕我们改动得很少，测试仍然需要重新测试两个星期，这需要花费巨大的人力和物力成本。所以，最好等到下个季度再发布新版本。

我听到后兴奋地对领导说：根据最新架构，我们是可以满足该销售的额外需求的。我只需要封装一个单独的动态库文件给这个销售，让他单独去演示即可。我们无须发布新的版本，测试部分也无须新一轮的测试！

那一刻我非常幸福。只有我知道：虽然是意料之外的需求，但如果没有满足它，那么证明我的设计是失败的。

这个案例还告诉我们一个道理：软件开发的设计，还要将测试流程考虑进去。 有的项目采用敏捷开发，小步快跑，多次发布。但并不是所有行业都是这样的。有的公司里，产品发布相对谨慎，测试漫长，任何一个小小的改动，你觉得肯定过，没必要测。但别人不会这么认为，后续工作都会接踵而至。因为这是整个产品生产的流程决定的。

12.3   一个和产品经理的故事

关键词：服务端比客户端容易改变。

项目背景：在 iOS 中，所有控件里的字体、字号大小、字体颜色和背景颜色可能会经常变。我甚是不解，问产品经理，被告知：该 App 有个功能一样的 Web 系统。我们需要和 Web 系统保持界面风格一致。我问：真的很有必要吗？她说：很有必要！好吧，是大老板（老板的老板）认为很有必要，我也无能为力。既然大老板发话了，不理解也得做啊。

于是开始琢磨：弄成 HTML5 一统江湖当然是最理想的招法，但当下还有很多细节 HTML5 不能满足要求，所以暂时不能采用。

那该怎么办？难道仅仅因为 Web 页面变换一下字体或颜色，就要在 App Store 上重新提交一个版本？

我们可以索性把这些经常变换的元素统统弄成可配置的，并将其存放到服务器中，然后让 App 具有解析该配置的能力。于是参考 Web 端的 CSS 文件的实现，我自己定义一个对应的 JSON 文件：

```
[
    {
        "objType": "STATICTEXT",
        "styles": [
        {
            "class": "statictext-default",
            "style": {
                "fontFamily": "HelvNeueMedium",
                "fontSize": 14,
                "fontColor": "0x00ff00",
                "backgroudColor": "0xeeff55"
            }
        }
        ]
    }
    ...... // 其他元素的配置
]
```

手机 App 的代码有访问并解析该文件的能力。例如对 label 控件，将寻找到 "objType" 为 "STATICTEXT" 对应的 styles，并赋值。Web 端的 CSS 文件什么时候修改，这里的服务器端的配置文件也对应修改即可。而千家万户的手机软件是不需要升级的。

这样不仅满足字体和背景颜色的配置了，只要 CSS 文件能配置的，都能配置。

12.4   一个和运维的故事

关键词：让用户和运维决定如何变化。

项目背景：在某国机场的数据处理系统里，每个机场都有一套相同的系统：数据服务器＋数据处理客户端。当高峰期来临时，数据会迅速积压。如何快速处理这些数据呢？当然是多线程并发。我们采用的方案是会启动 N 个进程，每个进程又启动 M 个线程。其中 N×M 的乘积是大概不变的，因为受到服务器连接资源的限制。

那么问题来了：如何设置 N 和 M 这两个数呢？如果 M 值太大，就意味着一个进程的线程数过多，效率反而降低。**如果进程内太多的线程一起互斥争抢资源，那么效率将会急剧降低。**如果 M==1，就意味着，一个进程的资源被一个线程独占，又太浪费了（因为这是 Windows 系统，和 Linux 系统还不太一样，Linux 中进程和线程的切换开销差不多）。好吧，既然两者都不行，那么最优值一定在两者之间。

我一开始尝试从 CPU 的个数和性能、服务器宽带，以及最高峰的数据量等因素去综合推断这个最优值，企图找到规律动态匹配。用科学家的态度去验证这种问题，当然很难得出结果。

后来想到"爱迪生用灯泡装水来测量灯泡体积"的故事，于是脑子一转，干脆采用一个简单的方法，就是将 N 和 M 写到配置文件里，写到产品使用手册里，让部署人员去决定。

当然，我事先还找到一个关系好的部署人员沟通了一下，得到的回答是：没问题！哈，成功把任务"甩"给了部署人员。

因为我们产品的运营有个巨大优势：每个机场会有专门的部署人员去人工部署，部署的时候，他们用虚拟数据压力测试一下，就可以把 N 和 M 的最优值找到了（可能不是最优，但属于优良就行），实现因地制宜。

这个案例给了我一个重要经验：代码架构的设计要依赖于周边的方方面面，软件在用户那里到底是怎么部署和运行的，在设计软件时应该印在你的脑子里。

12.5　总结

同样是修改，修改配置文件和替换 DLL 动态库文件，它们的风险等级是不一样的。替换动态库文件和替换 EXE 主体文件，它们的风险等级也不一样。由于替换动态库文件的可控性，所以能事先得到架构设计的保证和模拟测试的验证。我遇到的好几家公司有相同的规则：**在产品升级流程中，替换动态库文件和替换静态库文件的流程和风险等级，是不一样的。**服务端和客户端的修改等级更不一样了。客户端影响到千万用户，服务端可以暗中升级。

研发部门的程序员平日里好比躲在深宫之中，难得有机会和外界直接交往，为了应付沟通少所带来的未知，我们应让系统尽可能灵活，这能较好地处理突如其来的变化。本章通过 4 个实际案例列举了程序员如何处理周边的各种关系：

❑ 程序员和开发环境的关系；
❑ 程序员和用户之间的关系；
❑ 程序员和测试人员的关系；

- ❏ 程序员和销售之间的关系；
- ❏ 程序员和部署人员的关系；
- ❏ 程序员和产品经理的关系。

总之，生产关系归根结底会决定你的架构设计，而你的架构设计反过来会服务于甚至影响你和周边资源的生产关系。你的架构越灵活，越能从容应付意料之外的变化，你和周边万物的关系就越和谐。

第 13 章

隐式约定——犹抱琵琶半遮面

13

"显式约定"和"隐式约定"这两个概念至今传播的范围不广。有人模糊地提过,但并没有强烈正式化。本着好宝贝得和大家一起分享的精神,我希望通过本章的介绍,使这对概念得到最大的传播。

两种约定本质上讲的是数据如何封装并传输的问题。我们可以想象一下,数据在各种管道下传输,但不同的数据特性不同:有的数据是钢球,它要求管道直径必须大于它,所以传输效率高但兼容性低,这便是显式约定;有的数据是冰块,虽然管道比较细,但冰块可以先融成水,出来后再结成冰,要不停地改变形状,虽然效率偏低些,但是兼容性高,这是隐式约定。

显式约定很好理解,例如我们一再举例的求和函数:

```
int Sum(int a, int b);
```

其中 a 和 b 这两个参数定义得清清楚楚,缺一不可,拿来即用。

那么,隐式约定呢?下面将一步步拨开它的神秘面纱。

13.1 拨开隐式约定的神秘面纱

本章先揭示什么是隐式约定以及它的重要特征,让大家先有个概念上的了解。

13.1.1 隐式约定就在你身边

案例 1

比如一个文件有三个 bool 类型的属性:"可读""可写""可删除",我们约定用二进制的三个位来分别表示它们,如"101"(十进制的 5)表示"可读""不可写""可删除"。这样用一个数字就能表示三个属性了。你根据约定将三个属性的值通过"位运算"先拼装成整数 5,传给对方,然后对方根据约定解析整数 5,得到具体的属性信息。这便是最普通的隐式约定,相信每个人都遇到过类似的需求,所以说隐式约定就在你身边。

但是上面的例子太小，没涉及函数定义乃至架构设计。下面再介绍一个涉及函数定义的案例。

案例 2

有人定义了这样一个函数：

```
bool UpdatePersonInfo(string id, string name, int age, string sex, string country,
    string city, double weight, double height) {
    // 参数很多，但都是同一个对象 person 的属性值
    string sql = "insert into person values( ";
    sql.append(id + ", ");
    sql.append(name + ", ");
    sql.append(age + ", ");
    sql.append(sex + ", ");
    sql.append(country + ", ");
    sql.append(city + ", ");
    sql.append(weight + ", ");
    sql.append(height + ",) ");
    return executeSql(sql);
}
```

这个函数有什么毛病吗？相信很多人已经看出问题了：这个函数的参数太多了，而且根据上下文，这些参数对应的数据是可以合并到一个对象 person 里的。此外，对该函数的调用也显得很笨重：

```
UpdatePersonInfo(id, name, age, sex, country, city, weight, height);
```

不仅如此，这样的定义还会带来维护性的难题。假如新增一个属性，那么 UpdatePersonInfo 函数将要对应增加一个参数，并且之前每一处调用 UpdatePersonInfo 的地方都要被迫添加这个参数。

优化方案很明显，把对象 person 本身传进来，情况就完全不一样了：

```
bool UpdatePersonInfo(Person person){
    string sql = "insert into person values( ";
    sql.append(person.id + ", ");
    sql.append(person.name + ", ");
    ...... // 省略拼装其他属性的逻辑
    return executeSql(sql);
}
```

这样会显得更简洁，且日后的维护会更简单。调用时，我先将数据封装到一个 person 对象中，再执行 UpdatePersonInfo 函数：

```
Person person = new Person(id, name, age, sex, country, city, weight, height);
UpdatePersonInfo(person);
```

而优化后单个参数的写法：

```
bool UpdatePersonInfo(Person person);
```

是相对于多参数写法：

```
bool UpdatePersonInfo(string id, string name, int age, string sex, string country,
string city, double weight, double height);
```

的隐式约定。反过来说，是后者相对于前者的显式约定。

不过，该案例的显式约定也不是一无是处，遇到如下需求你还是应该考虑显式约定。

场景一：如果类的有些字段不想被他人知道，就不能传整个对象的引用了。

比如上面的例子，person 的年龄、身高和体重等隐私信息不想被其他人知道，只能将其中可传的字段摘出来，用多个参数的方式传进去。

场景二：如果害怕对象被更改，那么也不适合传整个对象的引用。

这很好理解，比如 sex 属性被修改，传进去的是男人，输出的是女人，那就乱套了。为了数据安全，我们可以将这些字段用参数传值的方式传递。

除此之外，都可以优先考虑用后者 UpdatePersonInfo(Person person)。因为它相对于前者，更能发挥隐式约定的灵活性。

13.1.2 隐式约定的重要特征

相信大家从上面两个例子也能看出端倪，隐式约定传过来的数据，都不是接收方要直接使用的数据，无论是"案例 1"的整数 5 还是"案例 2"的对象 person，都需要做一定的拆解操作。只是"案例 2"的拆解过程很简单，所以拆解特征不那么明显。

除了接收方要拆解数据，发送方其实也要做相应的数据封装的工作。

所以综合下来，隐式约定的重要特征有如下 3 个。

❑ 数据发送方，在接口调用之前，需要将数据按照约定打包。
❑ 数据传输。
❑ 数据接收方，在接口调用之后，需要将数据按约定解包。

其隐式约定的逻辑流程图如图 13-1 所示。

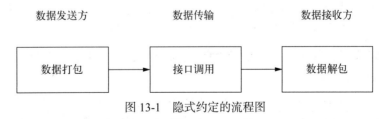

图 13-1 隐式约定的流程图

数据传输的两头都要付出额外拆包解包操作的代价，其目的是让数据的传输得到极大的灵活性。还记得第 4 章介绍的解耦原则"让连接桥梁坚固而兼容"吗？中间步骤的数据传输模块就是桥梁，隐式约定将这个解耦原则体现得淋漓尽致。

13.1.3   隐式约定的其他形式

这是个很有意思的话题，很想和大家一起探讨一下。介绍完了隐式约定的重要特征，我们才能讨论这个形式。

比如下面的函数算隐式约定吗？

```
void ReadBook(Person person) {
    // Student 继承于 Person，这里是强制下溯转换
    Student student = (Student)person;
    student.ReadBook(student.CurrentBooks);
}
```

这其实也是最简单、最常见的隐式约定了，下溯转换便是解包的过程。可是，我只看见数据解包，没有打包过程啊！

其实是有的，只不过之前数据打包的步骤，也就是类型上溯，是系统自动替你完成的。当你调用的时候：

```
Student student = new Student();
ReadBook(student); // 运行时 runtime 在幕后自动给你打包了（做了指针类型的转换）
```

只是隐式约定的特征不明显而已，所以说隐式约定就在你身边啊。值得一提的是，虽然参数是基类，但有了下溯转换，就不属于"面向抽象编程"的范畴，"面向抽象编程"永远是多态发挥核心作用。所以，应尽量通过调整架构来减少使用下溯转换的场景。

如果仅仅是对 Person 对象的访问，里外均没有上溯和下溯的转化，也就是说并没有数据打包和解包的步骤：

```
void Drive(Person person) {
    person.Drive();
}
```

那么这算典型的显式约定。一定要记住隐式约定所具备的三个步骤，它们永远是评判的标准。

13.1.4   隐式约定的风险与缺陷

任何方案都会有优缺点，不可能存在完美无缺的方案。隐式约定的缺陷有：代码膨胀，效率偏低，因为要做额外的数据拆包和解包操作嘛。但这并不是最重要的。

隐式约定真正的风险在于数据的拆包和解包过程中，某一方可能没有完全遵守协议导致出现数据不一致的情况。

比如 13.2.3 节的案例，如果传进去的子类对象不是 Student 类型，下溯转换时将会出现运行时报错。这也是隐式约定相比显式约定最重大的劣势。这很要命啊，如果理论上不能 100% 得到解决，怎么办呢？

解决办法是：**只要双方来往的次数足够多（也就是经过多次调试和充分测试），那么可以确信解包时一定能找到数据。这也是隐式约定能够成立的重要理论前提。**

隐式约定的弱点总结有如下 4 点。

❑ 打包和解包步骤多，效率低。
❑ 有些场景下，打包和解包的过程可能出错，并不能保证 100% 正确。
❑ 数据项的定义隐含在打包和解包的逻辑里，阅读性大大降低，有可能造成后来者维护困难。
❑ 打包和解包的双方是有沟通成本的。

本节重点介绍了隐式约定的重要特征和若干形式，还有理论上的好处。接下来的两节将介绍隐式约定如何在架构设计中发挥重要作用。

13.2 调料包数据

故事里，有主角就有配角。程序里的数据也一样，有的数据是主角，有的数据是配角。主角渴了，它提供饮料；主角冷了，它提供衣服。如果把主体数据称为菜，那么这种配角数据就是“调料包”，就是“context 数据”。

我很喜欢“context 数据”这个概念，它存在的意义就是专门为加工主体数据提供动态的实时辅助信息。

好了，看项目实战吧。

项目背景：系统每天要处理一段复杂格式的数据。该数据有个 type 字段，对应 8 个选项，每个选项对应一个流程，所以系统有 8 个子流程分别处理这 8 种类型的数据。

子流程类的定义如下：

```
class ProcessA : IProcess {
    public void DoTask(MyData myData); // DoTask 是实现自 IProcess 的接口
}
```

接着，我们定义一个静态散列表，其中 key 值是 type，value 是 process 的名字：

```
static HashTable processTable = { "typeA": "ProcessA",
                                  "typeB": "ProcessB",
                                  "typeC": "ProcessC",
                                  ...... };
```

这样我们提供给用户调用的函数为：

```
static void ExecuteProcess(MyData myData) {
    string type = maData.Type;
    string processName = processTable[type];
    // 通过反射创建对应的 Process 子类
    IProcess process = CreateInstanceByName(processName);
    process.DoTask(myData); // 可以通过统一的接口形式来调用
}
```

目前为止，似乎一切都挺完美。但天有不测风云，紧接着各个子流程的自定义需求纷至沓来。

❑ 有的子流程需要拿这个数据循环处理几遍，所以需要 int repeatTimes 参数。接口需要改成 DoTask(MyData myData, int repeatTimes)。

- 有的子流程需要放慢速度去处理数据，所以里面的子步骤间隔时间需要可配置，于是需要 `long stepTime` 参数。接口需要改成 `DoTask(MyData myData, long stepTime)`。
- 有的子流程需要一个前缀字符，为里面每个子步骤都要印上这个前缀标识，于是需要一个 `string prefixIdentity` 参数。接口需要改成 `DoTask(MyData myData, string prefixIdentity)`。

好吧，现在 `DoTask` 接口参数的定义乱套了。那么，该接口要如何设计才能兼容这么多已知的杂乱需求呢？因为 `DoTask` 接口是千军万马都共享的"独木桥"，经常修改显然风险极大。所以，如何设计还能兼容未来的需求变化呢？

那就把变化的信息统一到 context 数据中。context 数据最主要的实现形式就是散列表。散列表的奇妙特性让它在架构设计中屡屡充当奇兵，这在第 5 章里专门介绍过。

这里我们把新接口重新定义为：

```
interface IProcess {
    // 给 DoTask 添加了一个 context 参数
    void DoTask(MyData myData, Hashtable context);
}
```

用户的调用函数 ExecuteProcess 重构为：

```
static void ExecuteProcess(MyData myData, Hashtable context) {
    string type = maData.Type;
    string processName = processTable[type];
    // 通过反射创建对应的 Process 子类
    IProcess process = CreateInstanceByName(processName);
    process.DoTask(myData, context); // 依然通过统一接口来调用
}
```

之后，各个子流程负责各自的数据解包：

```
// ProcessA 要解包并处理 repeatTimes 的数据
class ProcessA : IProcess {
    public void DoTask(MyData myData, Hashtable context) {
        // context 数据就是隐式约定的盒子，下面开始解包数据
        if(context["repeatTimes"] == null)
            throw new Exception("repeatTimes doesn't exist in context");
        int repeatTimes = (int)context["repeatTimes"];
        ...... // 取得 repeatTimes 继续处理
    }
}
```

那么，context 数据由谁打包呢？这个案例里，是外层客户端提供赋值 type 数据的，所以它们负责打包相应的 context 数据。

用户想调用 ExecuteProcess，必须做些前期准备，就是打包 context 数据。以 ProcessA 为例，客户端 A 的调用代码如下：

```
myData.Type = "TypeA";
Hashtable context = new Hashtable();
context["repeatTimes"] = "3";
ExecuteProcess(myData, context);
```

可以看到，隐式约定虽然灵活，但缺点也很明显：它把约定概念的覆盖面拉长了。以前无须知道 context 结构的多个客户端，现在需要知道并遵循约定装载 context 数据。如果外层的客户端是第三方软件，无法更改，那么本案例就不适合基于隐式约定的重构了。

本例借助隐式约定，顺道介绍了一个我非常喜欢的"context 数据"的概念。有的数据是主角，是客户的最终目的，但有的数据仅仅是配角，或者只是这些主角的衣物。context 数据就是数据中的配角。当你设计架构的时候，将主体数据和 **context** 数据分离，在概念上先分清楚，这样很有利于后面展开思路。

13.3　越简单的功夫越厉害

之所以说"越简单的功夫越厉害"，是因为该案例的数据是被序列化（打包）成了最平淡无奇的字符串。其实序列化和反序列化就是很典型的"打包"和"解包"过程。只不过这个案例比一般的序列化应用更复杂些。这个案例稍微有点长，有些技术看不懂也没关系，能看懂大概的故事就行。

需求背景：service 进程 A 存有所有计算服务的逻辑。新需求是，让 service 进程支持对其他进程提供计算服务。假设客户进程 B 有多个其他客户进程，它们只有源数据但没有计算能力，所以需要访问 service 进程里的计算函数，并得到计算结果。这就牵扯到跨进程数据传输的问题。

如果采用 webservice，将 service 进程承载到某个 webservice 里去，这当然可以，但是客户在用你的程序之前，还得先部署一个 webservice。所以太重了，webservice 的应用场景毕竟是面向网络的。而我们的需求里，进程 A 和进程 B 是运行在同一台机器上的。

如果采用 socket 连接，这当然也可以，但是越底层的技术，你用起来就越啰唆，肯定需要自己重复造轮子。

所以，本例中采用 .NET 的 WCF 技术。它有个诱人的好处，那就是能把 service 进程里的类库，通过代理 proxy 映射到 B 进程。你只需要在原来的计算函数中添加一个 attribute 标识，这样 B 进程的代码可以无缝访问 service 工程里的契约方法。

例如，我有个 IPersonActivity 接口，里面描述了所有人的行为活动：

```
interface IPersonActivity {
    void Drive(Car car);
    void ReadBook(Book book);
}
```

我们需要在接口和方法上面添加一些"帽子"，将其改写成：

```
[ServiceContract(Namespace = "MyService", SessionMode=SessionMode.Required)]
interface IPersonActivity {
    [OperationContract]
    void Drive(Car car);
```

```
[OperationContract]
void ReadBook(Book book);
}
```

这些方法就能对外发布了，其他进程也可以访问了。**其原理是底层用默认的 XML 序列化器帮你实现数据序列化和反序列化。**

这样做若算是显式约定，在实践中会遇到两个难以跨越的问题。

❑ **问题一**：一些类包含一些偏僻类型的数据成员，例如 `public type[] types;`，这种数据的默认序列化行为会产生一些莫名其妙的问题。其实这些数据我并不需要传过去，但默认序列化器只会全部序列化。

❑ **问题二**：你需要在原来已有的接口或类的基础上进行代码修改，而有些文件你并没有修改权。

那么，如何绕过这两个问题呢？

通过隐式约定重构以上设计，其核心思路是将进程之间开放的接口方法缩减为只有一个：

```
string CallAPI(string api, string parameter);
```

它的参数只有最简单的 string 类型，网络传输则很简单。

而客户端要做的是：

(1) 将各种输入数据按照隐式约定序列化成 string；

(2) 再将其传给 CallAPI 接口；

(3) 反序列化结果。

这里的序列化就是数据打包的过程，而反序列化就是数据解包的过程。

具体的流程图如图 13-2 所示。

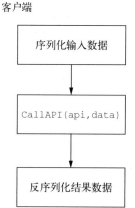

图 13-2　客户端发往服务端的隐式约定流程

服务端要做的正好反过来：

(1) 先按照隐式约定反序列化 parameter 数据；

(2) 访问类选择器，通过 api 参数寻找对应的计算函数，然后计算；

(3) 将序列化结果返回。

具体的流程图如图 13-3 所示。

服务端

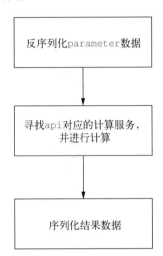

图 13-3　服务端返回客户端的隐式约定流程

可以看到，在这个例子中，数据从客户端发往服务端以及从服务端返回客服端，经历了两次独立的隐式约定的打包和解包流程。

下面是服务端核心部分的代码示例。其中，服务端的 CallAPI 接口的实现逻辑如下，先通过服务选择器，根据 api 参数找到对应的计算服务：

```
public string CallAPI(string api, string parm) {
    ICommandAction action = actionRepository.GetAction(api);
    if(action == null)
        return string.Empty;
    return action.Execute(parm);
}
```

其中，actionRepository 就是服务选择器，那么它里面的数据是哪里来的呢？我们确实会笨笨地提前将所有需要发布的计算服务，编写成一个一个对应的 action。每次程序启动时，服务选择器会通过反射自动加载所有的 action。虽然增加了大量的代码，但增加了灵活性。以后什么服务对外公开，什么不公开，全部可以由服务选择器来完成。**所以，这解决了上面的问题二，我们并没有修改之前的代码，只是新增代码。**

下面是 action 的基类概况：

```
public abstract class BaseCommandAction<I, R> : ICommandAction
    where I : class  // I 代表 input 数据格式
    where R : class // R 代表 result 数据格式
{
    ISerializer Serializer;
    public string Execute(string parm) {
        I input = Serializer.DeSerialize(parm, typeof(I)) as I;
        R result = DoExecute(input);
        return Serializer.Serialize(result);
    }
    public abstract R DoExecute(I input);
}
```

可以看到，我们自己完全控制了序列化的过程。通过实现不同的 **ISerializer**，我们可以选择任何的序列化方式。我可以不选择 XML 序列化，可以换做 JSON 序列化。任何一个类，你想序列化哪些数据成员，完全由自己决定。这就解决了默认序列化器失败的问题。

DoExecute 方法是个暂时没有被实现的抽象方法，要让各个具体的 action 去实现，例如：

```
public class DriveAction : BaseCommandAction<Person, object> {
    public override DriveResult DoExecute(Person input) {
        DriveResult result = new DriveResult();
        try{
            object result = input.Drive();
        }
        catch(Exception ex){
            result.Exception = ex.Message;
            return result;
        }
    }
}
```

这里的每个 result 分为两部分：正常结果＋异常信息。这是因为在跨进程的调用中，客户端捕获的异常都是网络异常信息，而对方的实际异常信息并不会跨进程传过来，是会被屏蔽掉的。因此，异常信息必须包含在接口正常调用的内容里返回。

这个案例算是隐式约定的高级应用了，并解决了我的大问题，我很感谢它。

13.4　总结

在隐式约定中，打包和解包的方式及场合是多种多样的。它们有的用在小场合，有的用在大场合，既能解决小问题，也能解决大问题。熟练掌握隐式约定的设计技巧，将为你的架构师之路增加一把锋利的武器。

一个完整的隐式约定一定有 3 个步骤：

(1) 数据打包；

(2) 数据传输；

(3) 数据解包。

隐式约定能给架构带来极大的灵活性，而且能够应用在各个层级的模块上。善用隐式约定的人是处理模块连接、数据传输的高手。

最后，我希望隐式约定的思想能给每个人带来帮助，大家应针对各种应用场景因地制宜地去使用它。

第 14 章

异常，天使还是魔鬼

14

我们写的代码基本可以分为两种：

☐ 一种是怀着愉快的心情写的，是满足业务正常逻辑的；
☐ 另一种是怀着苦恼的心情写的，是小心翼翼地处理各种错误或意外逻辑的。

而异常机制诞生的主要目的就是，帮我们有效减轻处理各种意外逻辑的痛苦。Exception——异常，是高级 OO 语言的基本功能，大概形式如下：

```
try {
    // 主体逻辑
}
catch(Exception ex) {
    // 异常逻辑
}
finally {
    // 公用的清理工作，不要在此 return
}
```

它本身不是特别复杂的语言特性，但确有很多耐人寻味的东西值得细细品味。稍有不慎，也容易造成使用上的错误。本章中，我们不去探讨异常实现的复杂原理，只关心它的特性给我们在应用层面带来的意义。

不知道大家是否和我一样，曾经对异常又爱又怕？

每当你预料之外的异常出现并被安全捕获的时候，感到好爽，觉得是上帝赐予我一个可以收伏妖魔的伏妖袋。可是也经常碰到由于有些异常没有被捕获而导致的程序崩溃，这就好比一旦这个伏妖袋漏了洞，妖魔要纷纷出来作恶。

异常的表现既是天使又是魔鬼，让人又爱又怕。本章中，我们将好好阐述异常的本质，看看它到底是天使还是魔鬼。

14.1　三个江湖派别

如果各种程序语言组成一个江湖，那么这个江湖对待异常的态度不尽相同，大概分为三类。

☐ 第一类是嗤之以鼻派：如 C 语言等。这也难怪，人家历史比异常更悠久。

- 第二类是拥趸派：如 C# 和 Java 等。这些语言的运行时异常的信息更全，处理效率更高。对于这类程序的异常处理，恨不得里三层外三层，层层用 try...catch 包住。不包严实了，心里总觉得不踏实。
- 第三类是吃瓜群众派：如 C++、Objective-C 和 Swift 等。它们很奇怪，对异常持可有可无的态度。什么意思呢？它们也有支持异常的功能，却不常用，或者说并不鼓励程序员过多使用，所以使用场景不多。它们往往更倾向于嗤之以鼻派，通过自己的提前判断去规避异常。

所以，倘若你是从拥趸派投奔到吃瓜群众派的，尤其要注意这方面的影响，不要盲目把原来的风格带进来。

由于各种语言对异常的处理态度不同，所以它们的程序表现出来的特性也不尽相同。

这就是为什么用 C 或者 C++ 写的程序，要么不出错，要么一出错就是比较严重的错，容易崩溃。而用 Java 和 C# 写的程序，虽然运行起来弹框不断，磕磕碰碰，但是还能往前走。从根本上说，是由于各种语言对异常的处理机制不一样。而异常机制的不同，会直接造成程序特性的不同。我编了一个笑话，让大家体味一下其中原由。

一天在 Java 程序中，一条异常数据造成了一个异常弹框。

但 Java 骄傲地说：“你看，虽然用户操作失败了，但我的程序并没有崩溃哟！”

C++ 看到，说：“虽然没有崩溃，但这样的场面被用户看到，还不如崩溃了呢。”

Java：“切，老古董……”

无论语言如何，异常机制都由三部分组成：

- 异常对象；
- 一个是抛异常 throw；
- 一个是接收异常 try...catch。

下面就按照这三部分依次给大家介绍。

14.2 异常的种类

了解一下异常的种类，对理解异常大有裨益。异常的应用场景与其种类也是密切挂钩的。

从大的分类来讲，异常可以分为业务异常和系统异常两种。

所谓业务异常，就是你自己根据业务需要定义的异常，例如你要请客，但钱不够：

```
class NotEnoughMoneyException : Exception {
    ......
}
```

业务异常的特点，我总结如下。

- ❏ 这种异常是你根据自身的业务而定义的异常，具有独特性，换个项目可能就见不到了。
- ❏ 自己定义的异常，一定有地方抛出，否则你就是定义了一个自己从来不用的异常。
- ❏ 一定会在系统抛出，但不一定在本系统内捕获。如果你的系统是其他系统的通用底层模块，光抛出不捕获是很正常的，此时你的业务异常对其他系统来说就算是系统异常了。

而系统异常是在程序运行的过程中，你依赖的底层模块或者更底层的 runtime 抛出的异常。这些模块一般属于通用模块，它并不太清楚调用者的具体信息，所以里面异常的名称往往没有具体的业务含义。比如，越界异常 OutOfRangeException，看名字就知道抽象程度很高，和具体业务无关。如果你编写的也是底层通用模块，那么你自定义的异常也可能成为别人眼里"恶心"的系统异常。

系统异常还有一个重要特点，可以用"意料之外"来形容。由于它和具体业务无关，所以程序员在编写业务逻辑时，正常是不会想到有系统异常的。之所以出现很多处理系统异常的逻辑，无非是之前的经验告诉你这里需要添加，或者开发和测试遇到了问题，打补丁。既然是"意料之外"，那么我们不应该基于系统异常开展一段主要的业务逻辑分支。我曾经见过这么一段代码：

```
void OperationInQueue {
    while(status == Status.Normal){
        try{
            string data = mq.pop(); // 从中间件队列取数据
            ProcessData(data);
        }
        catch(NoDataException ex){
            DoSomeThing(); // mq 没有数据，pop 函数会导致异常。没有数据，说明此刻空闲，
                           // 正好干些其他优先级低的事
        }
        catch(Exception ex){
            status = Status.Error
        }
    }
}
```

上面这段代码的逻辑很简单，即当中间件队列暂时没有数据后，利用闲暇时刻处理些其他事情。但它是根据 NoDataException 异常来确定队列空闲的。如果存在 mq.IsEmpty 这种专门用来判断队列是否为空的函数，那么利用系统异常来判断是极不恰当的，因为它会把意料之外的逻辑变成你期待的逻辑。最起码，它让你的业务分支和异常分支变耦合了，移植会更困难。14.5.2 节也有类似探讨。

系统异常有个重要分支：runtime 异常。由于大部分人自定义异常的机会不是很多，所以和大家打交道的绝大部分就是 runtime 异常。例如，经常把我们碰得头破血流的空指针异常，还有数组越界异常等。

对于 runtime 异常，有的语言从编译期间就加强管理，出错概率较少。如 Swift 语言，它有一个 optional 类型，就能有效避免访问空指针的异常问题。例如：

```
obj.callback?()   // 既然是 optional 类型，没有?号是编译不过的
```

如果 callback 为空，那么这句话就不执行，直接跳过去。编译器应该自动把它翻译为：

```
if(obj.callback != nil) // nil 就是 null 的意思
    obj.callback()
```

因此，写 Swift 程序的时候，能少写很多 if(ref != nil) 之类的判断逻辑。

14.3　异常的 `throw`：手榴弹什么时候扔

如果把 throw 异常比作扔手榴弹，那这颗手榴弹有个很厉害的特点：只要没有遇到收我的 catch 框，我这颗手榴弹会一直往上飞，直到最终用户。所以一旦异常被抛出，整个程序就会立即进入紧张状态，要等到它被捕获才可以松懈。所以，throw 信息是很严厉的。

throw 在应用场景的含义是：每当你抛出一个异常，本质是向所有的其他模块宣布，我发射了一颗导弹，它叫异常，我抛出该异常的唯一目的就是在开发和测试阶段确保它零概率地被抛到最上层！也就是向外层代码最高级别地强调：这是不得不处理的错误！简而言之，一旦你的代码抛出这个异常，你一定指望它抛向最终用户的概率为零！请注意上面这一段的 3 个关键词："不得不处理""测试"和"零概率"。

就是说：有些"不得不处理"的错误，以异常中断为代价来提醒开发人员和测试人员，最终保证这个错误"零概率"地面向最终用户。

所以请记住：抛出异常的目的不是给最终用户看的，而是在被最终用户感知之前，被中间某一层的代码处理掉。

但是大家不要被 throw 严厉的表象所蒙蔽。throw 异常机制表面上很严厉，本质上却很人性化。

怎么讲？拿系统异常来说吧，虽然抛出来时吓你一跳，但要知道没有异常机制的话，你本应该死得更惨。毕竟你的代码逻辑出了那么大的纰漏，此刻异常机制其实是给你一个亡羊补牢的机会。更珍贵的是，它转达你一段自然语言的信息！每一个异常都会有很详细的描述信息。开发者拿到这个异常信息的通常情况是，可以根据这些用自然语言描述的信息去解决问题。只有把这段信息拿网上一搜，就能发现前辈们大把的经验。如果没有异常信息，大家就缺乏一个很好的沟通媒介。只能通过错误码去查找对应的错误信息，解决问题会低效很多。

接下来，关键的问题来了：什么时候将自定义异常抛出去？

很多新手不敢轻易将自定义异常往外抛，生怕给别人造成麻烦，怪到自己头上。这种畏首畏尾的担心是需要克服的，如果业务有需求，就应该根据具体需求去定义。请看下面这段代码：

```
class Person {
    private double myMoney;
    public void Eat(Food food) {
        if(food == null)
            throw new ArgueNullException("The food is empty");
        if(myMoney < food.price)
```

```
            throw new NotEnoughMoneyException("My money is not enough");
            myMoney -= food.price;
            DoSomething();
        }
    }
```

写完之后，接下来需要做的是沟通！ 比如，口头告诉组内其他同事这个规则："人吃饭需要可见的食物，同时口袋里需要足够的钱，不然就有异常抛出了。"

如果你开发的是通用底层模块，由你不认识的人调用，那么你需要把异常信息描述得详细些，必要时可能需要记录在使用说明文档里，并和产品一起发布。

14.4 异常的 `catch`——能收炸弹的垃圾筐

`try...catch` 呢，它其实是一种特殊的具有 `goto` 功能的语句。不同的是 `goto` 语句是发散的，能到任何位置。但 `catch` 是收敛的，发生异常时只能到指定的 `catch` 垃圾筐里去。例如：

```
try {
    int result = ProcessData1(data);
    result = ProcessData2(data);
    result = ProcessData3(data); // 都是主逻辑，没有异常逻辑
}
catch(Exception ex) {
    Print(ex.Message);
}
```

我们体味一下 `catch` 语句带来的优势：**`try...catch` 能把处理错误的逻辑和主体逻辑在空间上相互隔离**。让主体逻辑更加清晰、简洁，便于阅读。程序员在编写的时候，也可以先集中精力把主逻辑写完，然后回过头处理异常逻辑。

我们再对比一下没有异常系统的 C 语言，如果有个函数遇到了异常数据，一般只在函数内部处理掉。它也得告诉你出了什么错，于是最后一般有个输出参数专门告诉你错误的故事：

```
Error error = NULL;
int result = ProcessData1(data, &error);
if(error) { ...... }
result = ProcessData2(data, &error);
if(error) { ...... }
result = ProcessData3(data, &error);
if(error) { ...... }
```

对比上面的 `try...catch`，差距就体现出来了。因为它把处理错误的逻辑夹杂在主逻辑当中，阅读起来思路就不会那么连贯。此外，它也要求两种逻辑代码必须同时写完。

所以，让主体逻辑和错误逻辑在空间上隔离是 `catch` 显而易见的优势。但优势不仅如此，借助于面向对象的体系，这个 `catch` 垃圾筐可以由多个大小不一样的垃圾筐叠加而成，这样每个层级可以过滤不同种类的垃圾。虽然 `throw` 是无差别地抛出，但是 `catch` 会有差别地接收，从而让不同的异常体现出不同的等级。

其中最重要的 `Exception` 基类，能捕获住所有它的子类异常。由于系统异常有"意料之外"

的特性，所以对很多无关痛痒的小 runtime 异常，如果都像关键错误那样，一个一个严格地预先判断处理，将耗费大家巨大精力。而异常机制提供了一个让我们一股脑地忽略这些小错误的途径。例如，用户点击界面列表边边角角的地方时，触发一些边界条件而产生的数组越界之类的 bug，如果这些 bug 很多、很细琐，你也很难一个一个事先排查，那就先在最外层捕获住写个日志再说，日后慢慢修改。

例如，下面的代码：

```
void PersonEat(Person person) {
    try {
        person.Eat(food);
    }
    catch(NotEnoughMoneyException ex) {
        // 处理"钱不够"的业务异常
    }
    catch(Exception ex) {
        Log(ex.Message); // 边边角角的错误先放在这再说
    }
}
```

这个特性对编程效率有质的提升。它极大地简化了逻辑，稳定了系统，也避免了程序员在处理重要逻辑的时候被边边角角的细节分心。不过这个特性只在异常的"拥趸派"才存在。在"吃瓜群众派"那里，它们虽然支持异常，却对异常又不是那么信任，它们的风格是：基本只处理不可恢复的严重异常。

上面讲解了 catch 异常的种种优势，但是要知道并不是所有的异常都能捕获了事的，有的异常是需要继续往上抛的。

如果我们捕获了底层的异常，该怎么办呢？是自己捕获住吃掉，还是继续抛出？

答案依然是"取决于沟通"！

这里举一个真实案例。

外层主逻辑负责记录子流程是否成功处理一条一条的数据。如果抛出异常，就把该数据添加到错误队列里，业务流程图如图 14-1 所示。

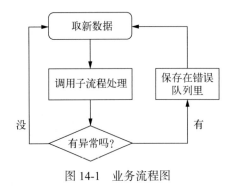

图 14-1 业务流程图

但是一位新同事为了不给外界"添加麻烦"，直接在他的子流程模块里捕获住了所有异常，于是所有数据都只走图 14-1 的左半边流程。本是很小的代码差异，却造成了最终错误队列中数据大量丢失的情况，后果很严重。这就是没有沟通带来的 bug。

14.5 异常的使用技巧

异常的优势是能让主体逻辑和错误逻辑分离，但如果用不好，也容易造成负面影响。接下来，总结了几点使用技巧。

14.5.1 看病要趁早

尽早检查并抛出异常，不要运行到函数深处再被动抛出：

```
public void Eat(Food food) {
    if(food == null)
        throw new ArgueNullException("The food is empty");
    // 之后的段落有对 food 的调用，所以必须确保 food 不为空
    ......
}
```

如果后面的代码是需要 food 不为空的，那么要尽量提前判断，其实不光是对如何抛异常，对任何参数的检查都是如此。不要等到用到 food 的时候才临时去判断，因为**函数出错误的地方越深，带来的副作用越大**。

14.5.2 不要加大 catch 的负担

让 catch 分支只捕获你没有意料到或者你不能控制其抛出的异常，例如：

```
try {
    a.CallPerson(b);
    ...... // 继续执行其他逻辑
}
catch(Exception ex) {
    Log(ex.Message);
}
```

这里的 a 如果为 null，会抛空指针异常，但抛了也立马会被捕获，并不会产生 bug。此时需要在前面添加一个 if 判断，避免抛出异常吗？如下：

```
try {
    if(a != null)
        a.CallPerson(b);
    ...... // 继续执行其他逻辑
}
catch(Exception ex) {
    Log(ex.Message);
}
```

可能有人想：既然有 try...catch 了，这样的 if 判断是不是多此一举呢？反正也不会崩

溃。但我还是强烈建议你加上这个判断。**任何一块代码段，如果具有完整的判断逻辑，减少对周围的依赖**，这段代码也更容易被移植。`catch` 虽然是个垃圾筐，但也尽量不要让这个垃圾筐的垃圾变臭，什么都故意往里面加。所以，能加判断避免异常，就尽量加吧。

14.5.3 避免 `try` 花了眼

在一个函数中，要尽量少用 `try...catch` 语句。

前面已经说过，`try...catch` 语句能让处理正常逻辑和异常逻辑的代码分开，减少程序员分心。但 `try...catch` 语句有个不好的地方，那就是括号多、段落多，容易让人眼花。如果有多个 `try...catch` 并列或者嵌套的话，就更加杂乱了，逻辑清晰的优势就被抹掉了。例如：

```
void CallPerson(Person person) {
    try{ ...... }
    catch(Exception) { ...... }
    // 多个 try...catch 并列
    try{ ...... }
    catch(Exception) { ...... }
}
```

这种情况下，我们是否能合并到一个 `try...catch` 里？或者既然两个异常处理都是独立的，想必业务的分界也比较明显（否则，为什么不含在同一个 `try...catch` 里面），那我们是不是能考虑拆分成两个函数？

对于 `try...catch` 嵌套，经常由于下面这类场景而被迫使用。例如，将 string 类型转为 int 类型，如果转换出现异常，则赋给它一个默认值：

```
int a;
try {
    a = Integer.parseInt(str);
}
catch(NumberFormatException e) {
    a = 0;
}
```

然后将这段代码嵌入到另一个大的 `try...catch` 异常里面。

这种写法在语法上也允许，也没有条文明确禁止这样做，但是 `try...catch` 的并列和嵌套首先从视觉上就大大增加了代码的复杂度。上面 string 类型转 int 类型的代码片段，完全可以封装进一个通用的工具类函数，例如：

```
static public int ConvertStrToInt(string str);
```

14.5.4 保持克制，不要滥用

`try...catch` 经常会被滥用，如果外层不需要根据异常信息进行正常的业务判断，那么里面多 catch 几遍，倒也无伤大雅。但对于有些模块，需要保持对 `try...catch` 的克制。一般来说：

❑ 最底下的 model 层无须考虑异常处理；

❑ 业务层尽量精确地按异常种类处理异常；

❑ 最上面的展示层捕获最终的所有漏网之鱼。

14.6   总结

异常不能对最终用户呈现，这意味着零概率地抛到最上层。

异常机制让主体逻辑和错误逻辑的代码在空间上相互隔离，可以让主体逻辑更加清晰。

对于自定义异常，何时抛出何时捕获，一定要根据大家沟通的结果。

第 15 章

多线程编程——在混沌中永生

古语说得好："一心不能二用。"但计算机不但可以，而且很擅长"一心多用"，这就是多线程编程。

在第 1 章里讲过，多线程的运行模型好比是弹珠数据同时穿过多个重叠的迷宫，而且迷宫之间还有通道交叉。这相当于把二维动画升级成三维动画了，其复杂度呈几何倍数上升。多线程的应用的确很复杂，无论在哪种语言里，它都是学习曲线最陡的知识点之一，这个我们得有充分的思想准备。它是很多开发者的噩梦，但又是不得不啃的骨头，躲不掉。

各种语言对多线程编程的实现中，细节差别很大。每次我兴冲冲地以为发现了一个通用的实现，却经常能找到某种语言中的例外，让人很受伤。因此，本章中可能有些细节和你所学的语言不一致。但我坚信无论哪种语言、哪种系统，多线程的知识即使表面上看起来非常不一样，但总体思路是差不多的，因为真正实现多线程的是操作系统。各大语言提供的函数库仅仅对是操作系统资源的再封装。而各个操作系统对多线程的处理思路也是差不多的，因为它们需要解决共同的应用场景。

本章中，首先带领大家了解一些基本概念，然后介绍一些常见的应用场景。本章并不能解决所有的多线程问题，但是可以解决 80% 的问题，剩下的 20% 以后慢慢来，无须一口气吃成大胖子。

15.1　几个基础概念

游戏要想玩好，需要先弄清楚游戏规则，本节先介绍两个有关"多线程编程"的规则。

15.1.1　每个线程都有独立的安全港——栈区

每个线程都有自己独立的栈区空间，也是它的安全港。线程无法访问其他线程的栈区空间。栈区空间的内存维护是操作系统直接负责的。例如：

```
int Add(int a) {
    int i = a + 10;
```

```
    Person person = new Person();
    return i + person.age;
}
```

这种纯函数就绝对不会发生多线程混淆错乱的情况。哪怕 10 个线程同时启动，并行执行 **Add** 函数，结果也不会受彼此影响。

在这个例子里，每个线程都有一个自己的整型变量 i，是分配在线程所属的栈区的，不会影响其他线程里的 i。还有：

```
Person person = new Person();
```

这句代码本质上确实是申请了堆区空间。不过如此创建一个临时对象也不必担心，因为虽然 person 对象的内存空间在堆区，但是这段空间的地址（也就是 person 指针本身的内容）在栈区，所以是安全的。如果函数里有跨线程的全局变量，情况就立马不同了，例如：

```
void Vote(int count) {
    GlobalVoteCount += count;
}
```

其中 GlobalVoteCount 是全局变量，已经脱离栈区这个安全港。在多线程环境下，这段代码是有问题的。只有一条语句也会出问题？是的，请接着往下看。

15.1.2   超乎想象的细微步骤——线程安全

在上一节的 Vote 函数里，GlobalVoteCount 全局变量并不是线程安全的，这正是 Vote 函数出错的原因。那什么是线程安全？如果说对于一个数据，其线程是不安全的，那意味着什么？

例如，对于一个 list 链表，其插入操作不是线程安全的，当你添加一个元素时：

```
list.Add(obj);
```

其实会对 list 进行两步操作。

    ❑ 将 obj 对象的引用添加到 list 尾部。
    ❑ 给 list 的 count 属性加 1：count++。

这明显不是原子操作。当多个线程同时增删 list 元素时，count 属性和真实元素的个数可能就不一致了。

这里顺便纠正大家一个知识点。比如，我们经常这么问：某种 list 是不是线程安全的？这种问法本身就不太精确，无形中省略了是哪些操作的信息。应该这样描述：对某种资源的某种操作是否是线程安全的？比如，对 list 的插入操作是不是线程安全的？如果我们下结论说"该 list 是线程安全的"，那就意味着对它的所有操作都是线程安全的。

一个 list 不是线程安全的，比较好理解。可如果说对于一个最简单的类型，如 int 型的赋值操作，也不是线程安全的呢？这又是怎么回事？因为 CPU 的操作步骤可能细微得超乎你的想象。

例如，`count = 1;`这个最简单的赋值语句，操作系统其实会分为几个步骤进行。

(1) 从全局内存加载到自己的栈区空间，作为本地缓存。

(2) 对这个本地缓存进行赋值操作。

(3) 将本地缓存回写到全局内存区。

因此，`count = 1;`这条语句并不是一个原子性的操作。它包含上面 3 个步骤，任何一个步骤都有可能被暂停。如果被暂停后另外一个线程来操作这个 count，那就乱套了。举例如下。

(1) 线程 A 刚从全局内存加载 count 到本地缓存，并将本地缓存赋值为 1，但是还没来得及写回去。

(2) 不料线程 B 抢先将全局内存区改成 2。

(3) 而线程 A 还傻傻地以为它是 1，又重新把 1 写进了全局缓存。

此时，问题就出来了。这就是说，count 不是线程安全的。

可以看到，线程不安全是常态，但不要为此紧张。就好比我们生活的世界，到处都是细菌和病毒，只要防御得当，健康不是难事。

那如何防御呢？这便是接下来要详细探讨的各种多线程技术了。

在纷繁复杂的各种多线程需求场景中，无外乎就是三大业务场景：互斥、同步和异步，以及它们的变种或组合。

如果始终牢牢抓住这 3 个业务场景，那么我相信大家对掌握任何一门新语言的多线程编程，都会轻松不少，内心也就不会那么胆怯了。说白了，大部分多线程技术就是用来满足这 3 个场景的。下面将分别介绍它们。

15.2 互斥——相互竞争

互斥的特点是每个线程极度自私，只关心自己，其他人是否操作成功和自己没关系；线程之间谁先谁后也没关系；甚至有几个和自己一样的竞争者也不关心。它只关心自己能否抢到资源，一旦得到就不撒手，直到完成任务。

假设用多线程写同一个日志文件，一次只能有一个线程在写日志，等写完了释放文件资源后，大家又接着抢，这便是互斥。

从语法角度看，并没有规定参与互斥的多线程一定是干同一件事。但实际上，大家遇到的多数场景中，参与互斥的多线程都是一个模子刻出来的同胞胎，抢同样的资源，干相同的事。

互斥通用的技术可以使用 mutex 内核变量。内核变量还有很多，比如后面介绍的 semaphore 和 event/condition 等。内核变量是操作系统支持的，所以凡是能在该系统上跑的语言，都会支持这些变量，使用方式也都差不多。

但相比于用 mutex 实现互斥，各种语言都优先使用一种轻量级的互斥做法。用法和本质都差不多，名字不太一样，例如临界区 monitor、lock 和 synchronized 等。轻量级做法的优点是使用更方便，消耗资源轻。缺点是只能在同一个进程里互斥。要想多进程之间互斥，需要操作系统级别的沟通，还得把 mutex 请出来。

下面看一个例子。在多线程环境下，对一个类对象获取单例，有个很有名的 double check 算法。其代码不长，但每句代码都很有营养：

```
class Person {
    private Person() { }
    private static Person instance = null;

    public static Person getInstance() {
        if(instance == null) {
            synchronized(Person.class) {
                if(instance == null)
                    instance = new Person();
            }
        }
        return instance;
    }
}
```

大家可以仔细体会一下这两个 if(instance == null) 分别是干什么用的。

❑ 前一个 if(instance == null) 是避免更多的线程无谓地进入临界区，加入争夺资源的行列。一旦实例已经产生，其他人就别忙活了。要知道越多线程争夺进入临界区的权利，越耗费系统资源。

❑ 后一个 if(instance == null) 保证只产生一个实例。如果有了一个实例，就不要再产生第二个了。

中间夹的是最关键的 synchronized(Person.class)，这就是争夺互斥资源。Person.class 就是大家要争抢的资源，这不是唯一的写法。你可以把它换成任何其他公用资源，只要每个线程都能认识且唯一就行。

synchronized 就像一把锁，给这个资源上了一把锁。每当一个线程占用了这个资源，就用锁把它锁住，他人无法占用，只能在外面干等。直到该线程离开，才打开锁。

总的来说，互斥的基本应用比较简单。

互斥场景还有个高级变种：假设规定每次可以允许 3 个线程进来占用资源，同时干活，其他线程则先等待。有人干完离开后，替补进来直到 3 个指标满员。要每次从零实现这种生产消费者的算法，也要费点功夫。幸运的是，各大系统都有个 semaphore 内核变量，它可以替大家很好地应付这类应用场景。例如：

```
Semaphore sema = new Semaphore(3);
```

表示 sema 变量在它的管辖区内，允许 3 个线程同时进入。如果是：

```
Semaphore sema = new Semaphore(1);
```

则表示每次只允许一个线程进入，这就相当于互斥锁 mutex 的基本功能了。

semaphore 基于著名的生产消费者算法，本来它可以包揽所有的互斥场景。但在实际场景中，遇到的机会相对比较少，这是因为在大部分互斥场景下，一个资源只让一个线程占用，此时就被互斥锁代替了。接下来，简单谈谈 semaphore 和 mutex 的异同点。

首先，semaphore 和 mutex 对线程的拥有关系是相反的。

❑ semaphore 强调它当前拥有了多少个线程。
❑ mutex 强调当前哪个线程拥有它，它有 owner 的概念。

在应用场景下，semaphore 和 mutex 有很大的不同。

❑ mutex 之所以被使用，是为了避免出现众多线程不安全导致的 bug。
❑ 而 semaphore 的应用场景更多的是来源于人为因素。例如，需要考虑性能的限制，所以太多线程不能同时跑，规定同时最多只能跑 3 个。

15.3　同步——相互协作

同步是多线程中最核心的概念。有意思的是，它能与互斥、异步分别产生不同层面上的关联比较，从而将互斥、同步和异步大概串起来。

15.3.1　同步的本质

同步意味着**大家相互协助地去完成有多个步骤的总任务**。任何一个步骤失败了，整个任务就算失败了！

同步和异步其实是比多线程起源更早的概念，这就意味着同步不一定就是多线程。其实同步无处不在。在单线程中，用最普通的顺序调用两个函数，这就是同步。例如，先游泳再开车：

```
person.Swim();
person.Drive();
```

这两句代码的关系是：必须等到 Swim 函数执行完，才能执行 Drive 函数。

对于同步，代码调用的特点是：发出"调用"命令之后，一定要得到结果才算完成。

而在多线程环境中，想在线程之间实现这种"一直等待，等到前面结果才继续执行"的功能却并不容易。让线程之间学会和人一样相互协作不是那么简单的事。细细分析，我们可以把同步的协作拆解为下面 3 个关键点。

❑ 暂时不干活的线程，让它等待。
❑ 干完了活的线程，让它通知别人做完了。
❑ 把活干的怎么样也需要告诉对方，这就是数据传输。

假设多个线程在写同一个文件，要求线程 A 先写第一段，线程 B 再写第二段，然后线程 C 接着写第三段……大家可以事先并行地把内容准备好，只是在拼接内容的时候，线程 B 一定要先等待线程 A 完成。

接下来，我们总结几种多线程同步的实现，分析它们是如何实现这些关键点的。

15.3.2　共享变量——一块公用的黑板

要实现同步，初学者的第一直觉一般是通过共享变量。假设线程 A 写完第一段落，然后通知线程 B 开始写第二段落：

```
// 先定义一个成员变量作为共享变量
private bool flag= false;
public void WriteTwoParagraphs() {
    // 在成员函数 WriteTwoParagraphs 里启动线程 A
    Thread.Start(threadA);
    // 在主线程里循环等待 flag 的 true 值
    while(!flag) {
        Thread.Sleep(500);
    }
    WriteSecondParagraph(); // 这里线程 B 是主线程自己
}
```

线程 A 的逻辑为写完第一段结束后，将标志位设为 true：

```
void threadA() {
    WriteFirstParagraph();
    flag = true;
}
```

大功告成。很简单，逻辑清晰。所以，通过共享变量来实现，是初学者的首选。

可是让共享变量作为媒介，会有问题吗？好担心……

如果场景要求并不复杂，就像上面的例子，这样做并没有什么问题。只是有些细节还可以优化，例如给 flag 添加 volatile 修饰：

```
volatile bool flag= false;
```

volatile 的意思是告诉编译器不要对该变量的语句做任何优化，从而保证线程读取 flag 的时候，确保读取 flag 在主内存中的最新值。

但无须担心了吗？不见得。共享变量的方式还会有几个小问题。

❑ 线程 B 的 while 循环体每次要休眠一段时间，这期间 flag 被线程 A 置为 true 了，线程 B 不能实时响应。

❑ 一旦线程 A 崩溃，没有执行到最后一句话 flag = true;，那么线程 B 的 while 语句会陷入死循环。这是很严重的 bug，所以一般要在 while 循环体内增加 timeout 超时时间，避免死循环。可是加上这样的逻辑，代码逐渐就显得重了，轻量级的优势将不复存在。

❏ 即使添加 volatile，只能解决一个线程写、多个线程读 flag 的问题，却不能解决多个线程同时写 flag 的问题。

如果要彻底解决上述几个小问题，就要掌握接下来要介绍的第二种同步方法。

15.3.3 条件变量——用交通灯来指挥

上面共享变量的方式，需要线程 B 轮询共享变量的状态。这很麻烦，也消耗 CPU 资源。如果能通过一套事件通知机制去解决，会显得非常方便。幸运的是，这套事件通知机制每种系统都有，做法大同小异，可能名字的差异有点大。

一般来说，会有一对函数分别执行在两个线程中：wait 函数以及对应的 notify 函数（也有叫 Set 或 signal 之类的）。而这一对函数的主人就是本节要讲的条件变量，一般叫 event 或者 condition（其中，Java 似乎是为了跨平台方便，直接将 wait 和 notify 封装在了 object 基类里）。基本用法都很类似，一般 wait 和 notify/Set 函数要在互斥的临界区里调用。也有封装得好的，如 C# 取消了临界区的定义，能直接使用 wait 和 Set，把底层原理屏蔽，让业务逻辑更清晰：

```
private Event evt = new Event();
public void WriteTwoParagraphs() {
    // 在线程 B 里启动线程 A
    Thread.Start(threadA);
    evt.wait(timeout); // 能实时响应 notify 消息，避免了循环判断逻辑
    WriteSecondParagraph();
}

void threadA() {
    WriteFirstParagraph(); // 耗时的操作
    evt.Set();
}
```

这里 wait 和 Set 的操作像极了在十字路口等红绿灯。红灯亮了就等待，绿灯亮了就前进。而条件变量也很好地解决了通过共享变量方式遗留的几个问题。

❏ 条件变量是操作系统内核支持的，所以其 wait 函数能得到实时响应。
❏ 可以自带 timeout 参数，无须自己去判断循环结束了。

我个人还是推荐使用条件变量的消息机制去实现，因为直接受到操作系统的支持。当然，共享变量的方式也不是一无是处，毕竟更直接、更简单，也有一定的生存空间。

15.3.4 同步和互斥——本是同根生

同步和互斥在应用场景下的区分是非常明显的，具体对比如下。

❏ 如果线程有智商的话，那么互斥线程的智商比较低，它只管自己；同步线程的智商比较高。互斥线程之间的关系就是竞争，而同步线程之间的关系是协作。互斥里，谁先干，谁后干，是没有先后顺序的，而同步里线程之间是有先后顺序的。

❑ 互斥线程之间没有总任务的概念，它们各玩各的。而同步线程之间有一个共同的总任务作为最终目标。

❑ 互斥运行多次，各线程的先后顺序可能会不一样；同步逻辑重复运行多次，任务结果是一样的。

同步也经常和互斥一起使用，完成各种复杂的多线程应用场景。

15.4　异步——各忙各的

我记得小学二年级碰到过一个让我受益终身的数学题：烧开水需要 15 分钟，洗碗需要 5 分钟，扫地需要 5 分钟，请问做完这三件事，总共需要几分钟？从此我做什么事，都事先想想先后顺序，看看可不可以一并去做。

长大后才知道这就是异步的用法，它其实已经渗透到你的生活中。

15.4.1　异步的本质

异步意味着同时进行一个以上彼此目的不同的任务。 和同步不同，假如某一个任务失败（通常是异步任务），那么其他成功完成的任务还是有一定价值的。

对于异步，函数调用的特点是我发出"调用"命令之后，不必原地等待命令结果。

从应用场景的角度讲，异步的应用场景比较多，不容易把握。下面通过一个例子细细分析。

你养了一只狗，你和狗玩扔球的游戏：你把球扔向远处，狗撒腿跑出去，然后狗会主动跑回来告诉你它捡到了。期间你还可以和朋友聊天。

此时你、朋友和狗就组成了异步调用。这里有两个独立的任务同时进行：

❑ 一方面让狗去捡球（异步线程）；
❑ 同时你和朋友聊天（主线程）。

异步的特点主要有如下几点。

❑ 有主线程和异步线程之分，主线程存在的周期长，异步线程存在的周期短。主线程只有一个，异步线程可以有一个或多个。

❑ 异步线程是由主线程发起的，一定是主线程的调用，才能触发这次异步开始。

❑ 主线程的任务和异步线程的任务，是有优先级区别的，而且不能互换。主线程的任务必须主线程来完成。

❑ 主线程能够管理异步线程的周期，比如暂停、继续和终止。

❑ 和同步不同，主线程和异步线程并不是为了完成同一个任务，它们是同时完成多个独立的任务。你和朋友聊天与狗去捡球是两个完全不同的事情。正因为主线程有当前任务脱不了手，或者不适合亲自去做另一个任务，才让异步线程替它去完成。

这是异步在不同场景下的共同特点,接下来细分两个场景,其中每个场景还会有它们各自的特点。区分这两个场景的决定因素就在于是以主线程的任务为主,还是以异步线程的任务为主?也就是你和你朋友聊天到底在聊什么?是和朋友在谈重要的生意,把狗支开不影响自己谈生意呢;还是注意力其实一直集中在狗捡球,只是等得无聊和朋友偶尔聊两句。

15.4.2 等待烧水,顺便洗碗

这类场景意味着你和朋友谈生意才是正经事,让狗去捡球是顺便娱乐。

举例:在等待程序启动、登录和验证的过程中,我顺便提前做点后续阶段需要的准备工作,这些工作在现阶段其实可做可不做,将来主线程会根据我完成的进度再接着做。这些场景都和那道数学题描述的场景是一样的:等待烧水(主要任务)的时候,顺便去洗碗(次要任务)。这类场景的特点如下。

- ❏ 用户以主线程的工作为主。
- ❏ 同时开展辅助线程的目的是为了充分利用这段时间 CPU 剩余的计算资源。
- ❏ 异步线程完成后,不会通知主线程。狗捡球回来,可能只乖乖地把球放在你脚边。主线程想看结果,需要自己去检查。

下面以 Swift 语言的异步 async 调用为例来介绍:

```
DispatchQueue.global.async {
    // 闭包实现的匿名函数直接嵌入到异步操作里面了,这能大幅度提高阅读的连贯性。
    // 这种嵌入的结构,已经有越来越多的语言支持了。请大家先记住这种结构,后面还会讨论
    DogPlay() // 一些可以同时做的小任务,放在异步线程里
}
DiscussBusiness() // 这行代码不会等 DogPlay 函数执行完才被调用。大家调试异步的时候一定要注意
```

async 表示启动异步调用,global 是一个异步队列。因为在 iOS 里,一个队列在某个时刻只会执行一个线程,所以你暂时可以认为一个全局的队列代表着一个全局的线程。不要认为队列的概念很累赘,要体会它带来的好处:它显式地指明了异步代码是在哪个线程里完成的(这个问题后面还会讨论)。这也是我用 Swift 语言介绍异步的原因。

15.4.3 明修栈道,暗度陈仓

这类场景意味着以异步线程的工作内容为主,主线程为辅。可以用一个成语很形象地形容:**明修栈道,暗度陈仓**。

举例:网络加载图片的时候,主线程开辟一个或多个异步线程去加载,以免主线程出现界面卡顿。异步线程加载完成后,会返回结果通知主线程。这是这类异步最经典的应用场景。这类异步的特点如下。

- ❏ 异步线程完成后,会通知主线程。正如狗完成任务回来,一定要得到你的表扬才罢休。
- ❏ 主线程会有等待异步线程的操作。和前一种异步不同,这里主线程的"明修栈道"是辅,

异步线程的"暗度陈仓"是主，是工作重点。也就是说，你把球扔出去让狗去捡，而狗是否捡到球比你聊天更重要。

❑ 双方是存在通知机制的。异步任务完成后，主动通知主线程终止明修栈道的任务。

我们看一个这类场景的代码实例——等待登录中：

```
DispatchQueue.global.async {
    VerifyAndLogin() // 耗时的操作，放在异步线程
    DispatchQueue.main.async {
        StopLoading() // 哪种系统都一样，必须回到主 UI 线程才能更新界面
    }
}
ShowLoading() // 一直在显示 loading 的动画
```

虽然主线程和异步线程并没有一个明确的总任务，但主线程需要等待异步线程反馈，所以它们之间存在明显的任务顺序。我们将上面的例子演化一下，能看得更明白些。

首先，**我们将耗时的操作和完成后的行为解耦，通常做法是把完成后的行为"外包"给函数回调**。于是将异步行为完整地封装到登录模块，其代码如下：

```
func StartLogin(complete completeHandler:@escaping(_ result: Int) --> void) {
    DispatchQueue.global.async {
        int result = VerifyAndLogin() // 耗时的操作放在异步线程
        completeHandler(result) // 通过回调函数将之后的行为外包
    }
}
```

这就上了个档次，变成了一个独立小模块。这也是我们经常实现的方式。如此，便可以在多个地方重复利用它。比如，主线程调用如下（伪代码）：

```
login.StartLogin() {(result) in
    // 下面实现回调函数的具体内容
    StopLoading()
    if result == SUCCESS_OK {
        NextStep()
    }
}
ShowLoading() // 主线程在加载等待
```

此外，我们也可以在单元测试里调用（伪代码）：

```
func test_Login() {
    // expectation 是个信号量
    let expectation = self.expectation(description: "login")
    login.StartLogin() {(result) in
        if result == SUCCESS_OK {
            expectation.fullfil() // 相当于对 expectation 信号量进行 Set 操作
        }
        else{
            assert(false)
        }
    }
    self.waitForExpectations(timeout: 30, handler: nil) // 主线程在等待
}
```

在这个场景里，主线程都在等待异步线程完成，似乎有同步的影子，但其实和同步有本质区别。在同步里，总任务里的每一段子任务，并不要求对应到某一个特定子线程来完成，只要大家按顺序完成就好，多线程只是加快速度的方式。但在异步里，任务之间有重要性的分别，而且主线程的任务必须由主线程来完成。

15.4.4　异步和函数回调

函数回调是发生在两个人之间来来回回的故事。而异步的"明修栈道，暗度陈仓"的应用场景也正好是双方之间来回沟通。再有，前面介绍过，异步代码的执行顺序和函数的调用顺序是不一致的。比如：

```
f1(); // 异步调用
f2();
```

上面代码的问题在于，如果 f1 是异步操作，f2 会立即执行，不会等到 f1 结束再执行。如果要指定它们执行的先后顺序，回调函数是最常用的手段。可以考虑改写 f1，然后把 f2 写成 f1 的回调函数：

```
function f1(callback) {
    ......// f1 自己的逻辑
    callback();
}
f1(f2);
```

所以，异步和函数回调是结合紧密的朋友。虽然函数回调也不是局限于异步场景里，但现实中函数回调的大部分应用就是用来表达异步，别的场景遇到的相对少。注意：异步场景"等待烧水时顺便洗碗"不需要用函数回调。

函数回调结合匿名函数能把复杂的逻辑用非常紧凑的代码结构表达出来。函数回调能让几个步骤一条龙地完成，所以不要嫌函数回调烦啊，它只是把原本就复杂的逻辑以最简单的方式呈现。所以函数回调的优势很明显：逻辑浓缩度超高！一句话顶你好几句，所以使用频率很高。一个合格的程序员一定要对函数回调的定义和调用烂熟于心。

但函数回调也有缺陷，就是代码结构过分耦合。遇到多重函数回调的嵌套，代码难以维护。比如，下面这个场景大家经常遇到：客户端按顺序进行多次网络异步请求。其伪代码如下：

```
async(num, function(value){
    async(value, function(value){
        async(value, function(value){
            async(value, function(value){
                async(value, function(value){
                    async(value, null);
                });
            });
        });
    });
});
```

这种大雁结构肉眼很难再区分了。如果想更换两次请求的顺序，这么一个简单的需求又需要动多少次键盘呢？对多个回调组成的嵌套耦合，我们亲切地称为"回调地狱"。

那么，如何解决呢？JavaScript 首先出现了一个 Promise 框架，将嵌套结构变为了链式结构，为其他语言提供了思路。其伪代码如下：

```
Promise.resolve(num).then(function(value) {
    return value;
}).then(function(value) {
    console.log(value);
});
```

最后探讨一个有意思的问题：异步线程执行完毕后，触发回调函数时，这个回调函数是运行在异步线程里，还是主线程里？

答：这是个比较有意思的问题。按道理，哪个线程调用的就在哪个线程执行，所以应该是在异步线程里。但诡异的是，用户对回调函数的直观感受更像是对主线程资源的操作。所以，90%的用户都会习惯性地以为在主线程上，会直接写下更新主线程资源的代码。

所以，有的语言干脆在回调的时候做特殊处理，根据上下文自动并到主线程执行。下面以C# 里的 BackgroundWorker 为例：

```
BackgroundWorker m_BackgroundWorker = new BackgroundWorker();
m_BackgroundWorker.DoWork += new DoWorkEventHandler(DoWork);
m_BackgroundWorker.RunWorkerCompleted += new RunWorkerCompletedEventHandler
(CompletedWork);
```

那么，在回调函数 CompletedWork 里面，是可以直接更新界面的：

```
void CompletedWork(object sender, RunWorkerCompletedEventArgs e) {
    updateStatus() // 更新界面
}
```

但不是每种语言都会给你做如此优化。

例如，上面的 Swift 例子中，在回调逻辑里，你需要手动指明 main 队列，意思是回到主线程排队更新界面：

```
DispatchQueue.main.async {
    updateStatus() // 更新界面
}
```

所以要求大家尽量做到心里有数：当执行异步回调的时候，是运行在哪个线程里面。

15.4.5　有关异步的问与答

异步可讲的点比较多，且比较碎，下面用问答的方式继续深入介绍。

问：异步一定是多线程实现的吗？

答：和同步一样，异步的概念出现得比多线程早。异步也是一种实现标准，不特指一门具体的技术点。异步和多线程没有必然联系，异步不一定是多线程实现的，不过多线程确实是实现异步最方便的技术。

例如，16 位系统普遍采用中断的方式实现异步 IO，这和多线程无关。在 Linux 等系统中，socket 编程有 epoll 功能，也可以进行单线程异步，它是用内核中断实现通知功能的。这些和本章主题无关，这里就不深究了。

问：主线程和异步线程的关系是什么？

答：前面介绍过：主线程创建并管理异步线程。它拥有异步线程的调度权！可以给异步线程发出"暂停"和"退出"的命令。举例如下。

有一个共享变量 isCancel，代表异步线程是否中途退出：

```
private isCancel = false;
// 用户点击 Cancel 按钮，将 isCancel 设置为 true
void cancel_click {
    isCancel = true;
}
// 异步线程下载 50 张图片，每完成一张图片，就访问一下 isCancel 变量
void background_thread {
    int imageIndex = 0;
    while(!isCancel && imageIndex < 50) {
        if(isCancel)
            return;
        downloadImage(++ imageIndex);
    }
}
```

可以中途退出或暂停的异步线程，必须满足一个条件：**异步线程的任务可以分为很多小步骤。**这样才能让主线程的调度命令通过步骤间的缝隙插进去。

问：异步中的主线程是不是就是 UI 线程，为什么 UI 线程一定要异步？

答：虽然理论上主线程不一定是 UI 线程，但在实际的应用场景中，主线程基本上都是 UI 线程。

为了提高 UI 的性能，所有框架的 UI 类库都不是线程安全的。也就是说，UI 类库里的代码必然都不加锁。那么，用户使用多个线程访问呢？岂不是把麻烦推给了用户？所以运行时会强行规定只有一个线程，也就是 UI 主线程能访问程序界面。如果其他线程想和界面打交道，就必须通过 UI 主线程，否则会报错。这个机制在所有系统中都一样。

15.4.6　异步总结

异步也是一种实现标准，多线程是实现异步的主要手段之一。

异步在"明修栈道，暗度陈仓"的应用场景中，依赖于同步的协作。

函数回调能让异步代码变得更加紧凑，也更加灵活。

15.5　阻塞与非阻塞

下面我们继续探讨另一组多线程的概念：阻塞和非阻塞。

阻塞和非阻塞的本质是描述该线程在 CPU 里的执行方式：

- 被 CPU 暂时挂起来了，是阻塞的；
- 一直占用 CPU 运行的，是非阻塞的。

很多人以为同步天然就是阻塞的，异步天然是非阻塞的。其实不是这样的，它们之间可以相互组合成四组概念：

- 同步阻塞；
- 同步非阻塞；
- 异步阻塞；
- 异步非阻塞。

有点迷糊了吧！下面我们先解决和同步相关的两个概念。

- **同步阻塞**。例如，用 wait 函数傻等的：

```
obj.wait(timeout);
```

　　在超时期间，该线程会被 CPU 挂起，就是阻塞性同步。

- **同步非阻塞**。通过 while 循环判断共享变量的：

```
while(flag) {
    if(condition)
        flag = false;
}
```

　　那么，该线程一直占着 CPU，这就是非阻塞性同步。

怎么理解异步的阻塞和非阻塞呢？

阻塞性异步和非阻塞性异步并不像前两个概念那么好理解。解答这个问题之前，先提一个大多数人忽略的问题：异步线程执行时，主线程在干什么？下面还是以让狗捡球游戏为例：

```
void startAsyncCall {
    DispatchQueue.global.async {
        DogPlay() // 狗去远处捡球
        DispatchQueue.main.async {
            StopTalking() // 停止聊天
            GiveDogFood() // 你给狗奖励
        }
    }
    KeepTalking() // 和朋友聊天
}
```

从直观上看，**KeepTalking** 是否存在与是否阻塞没关系。可 KeepTalking 正是主线程里并行和异步线程执行的任务，如果不存在，那就意味着主线程在异步等待时任务为空。而它是否存在是区别是否阻塞的唯一线索。

❏ **异步阻塞。** 如果狗在捡球的同时没有动作，只是干等着狗回来，就是阻塞的异步。这里的阻塞是通过什么都不干（即罢工）的方式来实现不占 CPU。这倒也符合阻塞的定义：当前线程不占有 CPU。其实，强行区分异步和阻塞没什么实际意义。

❏ **异步非阻塞。** 如果狗在捡球的同时，你在和朋友聊天解闷，就是非阻塞的异步。现实中，非阻塞的异步场景是绝大多数。

15.6　总结

多线程技术烦琐，代码复杂，难以维护。

技术难度：互斥<同步<异步。

同步和互斥，以及同步和异步，是有关同步的两个不同层次的比较。互斥和异步并没有直接关系。

多线程很难，不仅仅难在众多概念上，而且在实际开发中每一步都充满荆棘。多线程编程最容易遇到意料之外的情况，且难以调试，难以重现。解决多线程难题，好像一个侦探从一片混沌中找到线索，徐徐前进。因此，写代码之前，一定要多思考，写完之后多测试，方能在混沌中永生。

第 16 章

单元测试——对代码庖丁解牛 16

说起单元测试（Unit Test），大家总有一种奇怪的矛盾态度。官方的说法肯定是单元测试特别重要，可在日常开发中，大家私底下却是能少写就少写。

它给人的第一感觉就像是脱离软件编程主战场的一门技术，因为用户手里使用的软件并不包含它。这好比足球赛场上的裁判，虽然队员里没有他，比赛中却能时时刻刻感受到他的身影。

其实现在很多公司的项目并没有单元测试，或只有少量充门面的测试用例，但不妨碍他们成功地生存。而有的公司对单元测试的重视无以复加，甚至采用 TDD 开发模式，硬生生地把单元测试变成软件龙头部分，所有人都要掌握。

更有意思的是：从个人来讲，有的人极力推崇单元测试。另外也有不少高手，尤其是富有个性的高手，并不喜欢单元测试。

如果大家此刻对单元测试充满了疑惑，那么引言的目的就算达到了。接下来，请努力看完本章，我相信会让大家对单元测试有一个深入的了解，能得到新的收获。

16.1 单元测试的诞生

世界上第一个测试用例是如何写出来的？这个从无到有的过程需要天才的点燃吗？我不这么认为。我认为只要稍有天资的程序员遇到合适的需求，就能自然而然地写出属于他自己的第一个测试用例。

我们来设想一个对点的场景吧。

大领导安排给小强一个重要任务：写出一个函数，判断用户输入的一串数字是否是正确的手机号码或者座机号码。小强花了一天时间完成了这个函数：

```
bool isCorrectPhoneNumber(string number) {
    ...... // 具体实现逻辑
}
```

写完之后，小强觉得事情才刚刚完成了一半：这可是大领导亲自安排给自己的工作，必须确保万无一失啊。测试人员也不能验证所有的数字，那么怎么就能确保这个函数的正确性呢？

于是他想到自己写一个独立的小函数，里面定义了各种数字组合，依次调用一遍 isCorrectPhoneNumber 函数。可数据是无穷无尽的，他不可能穷举完啊。没关系，每一个种类，抽一个例子即可。最后，将每条数据验证之后的返回值和期望的返回值进行对比。

于是 isCorrectPhoneNumber_Test 函数出现了：

```
bool isCorrectPhoneNumber_Test() {
    string number = "123";
    bool ret = isCorrectPhoneNumber(number);
    Assert(ret, false); // false 是期望的返回值
    number = "13870376688";
    ret = isCorrectPhoneNumber(number);
    Assert(ret, true); // true 是期望的返回值
    ...... // 下面还有很多这样的判断
}
```

其中 Assert 函数的简单实现如下：

```
void Assert(bool ret, bool target) {
    if(ret == target)
        Log("This is a correct number");
    else
        Log("This is not a correct number");
}
```

这就是最简单的单元测试雏形。

你别说，通过这个测试用例，小强真就找到了几个 bug，效果可谓立竿见影。

16.2　单元测试的进化

如前面所述，单元测试的出现并不需要天才。哪怕像小强这样天资一般的人，遇到了特定的需求，也会被逼得想出来进行单元测试的。

但是，让它一步一步发扬光大，则需要天才们的推动了。

16.2.1　大量繁殖

让测试用例的覆盖率越来越大。

既然尝到了单元测试的甜头，有些人就会动脑筋：反正这帮程序员闲着也是闲着，那能不能给所有适合的函数都加上单元测试？就像给每个适合的函数都盖一个章，颁发一个合格证。一个一个的单元测试顺利通过就是一个一个的合格证。

这个想法是个大手笔啊，从此工程代码多了一倍的代码量！而且理由还让程序员反驳不得。

- 这些测试代码写得再多都不会有副作用，因为丝毫不会影响主程序，它有的只是正面的验证作用。
- 一旦检验出了 bug，是最小代价的修复问题。

单元测试普及之后，这句话才能被验证：**你的代码是可测试的，进而意味着你的代码是可重构的。**

在开发过程中，软件重构是再正常不过的事情。但如何在交付测试之前，确保你的重构是高质量的呢？

在重构时，你会欣喜地发现：此刻大量的测试用例是宝贵的财富。它们随时验证每一步重构的正确性，让重构的风险降到最低。

16.2.2   寻找盟友

软件要进行每一次的增量迭代，至少得保证它不影响之前的功能吧？可总不能每次小增量之后，都需要大规模手工测试一遍吧？那有什么指标能有效且迅速地确保真的没有影响之前的功能呢？光凭嘴上说"我发誓"是没用的，口说无凭啊。

要不规定程序员在每次提交代码之前，先运行一遍现有的测试用例吧，有错误则不能提交。

这招可行！它迅速，而且结果明确。**虽然不能百分之百地肯定这次增量一定没有错误，最起码能保证这次增量代码的质量和其他代码处于一条基准线之上，不会出大的纰漏。**

可是如果程序员忘了或者懒得跑测试用例，怎么办？你确实很难强迫每个程序员每次都必须跑测试啊，缺乏可操作性！嗯，有道理。要不这样，给代码管理系统增加一个功能，每次有人提交代码，就在服务器自动运行一遍所有的测试用例，如果有测试用例不通过，就自动发出邮件给当事人！这就需要先进工具的支持，也就是可持续集成环境。如果是一直处于"小作坊"模式开发的程序员，没经历过这种集成环境，确实难以感受单元测试的威力。

哈，越来越有意思了，单元测试逐渐进化成了一个使用频率非常高的工具。所以单纯的单元测试毕竟势单力薄，但是借助持续集成环境这个盟友，可以让单元测试在迭代中发挥更重要的作用。

16.2.3   划分地盘

划分地盘——让测试用例开发者和主体程序开发者分离。

随着单元测试越做越大，它本身也变得臃肿，任务量极大。一旦大规模地要求程序员自己编写单元测试，那很多的测试用例势必会被敷衍了事。是呀，又不是每个任务都是大领导亲自交给你，让它显得那么重要。所以问题很明显了：测试用例本身也是代码，是代码就有质量优劣之分，它虽然是监督别人的代码，但它自己又如何被监督呢？是啊，领导也需要监督啊！如果测试代码的质量得不到保证，那么前面两个步骤便沦为花架子了。

领导监督需要制度建设来解决。聪明人马上就想出来：要不抽出人手单独去写单元测试？这样做的好处是显而易见的。

- ❑ 这帮人的工作就是写测试用例。每当他们检查出了问题，美滋滋地提交 bug 的时候，就是凸显他们价值的时刻。
- ❑ 而主体程序开发者可以将更多的精力集中在开发主体功能本身。

于是皆大欢喜。

16.2.4　反客为主

反客为主——让测试成为驱动力！

这个话题就有意思了。我们想象一个场景：一天，负责编写测试用例的小红打电话给小强。

小红："小强，你上次编写的验证一串数字是否是正确的手机号的函数，现在需求有了变化。"

小强胆战心惊地问："是什么变化？"

小红说："以前以 188、189 开头的不算有效的手机号，如今算移动手机号了。"

小强松了口气："这好办，不过我这周出差，下周回去补上。"

小红："也行，以免你忘了，我现在先加上 188、189 的测试用例，等你回来再让它们运行通过吧。"

小强："没问题！"

我们分析下这个场景，里面暗含了两个重要的细节。

- ❑ 负责单元测试的人员先于开发人员知道业务需求。
- ❑ 单元测试是先于主体代码写好的。

整个过程相当于小红把客户的需求文档变成了测试用例。而对于开发人员的小强而言，测试用例摇身一变成为了需求文档！

是否可以将这个场景普及？所有的代码都是单元测试先行呢？哇，这太夸张了吧？不夸张不夸张，习惯就好。这就是大名鼎鼎的 TDD（Test-Driven Development，测试驱动开发）。

可这么做的好处是什么呢？

将测试用例由说明文档转变为需求设计文档。测试用例以前对我来说是函数说明文档，这不难理解。因为写多了你自然就能感觉到，测试用例俨然就是最好的函数说明文档。尤其对于新员工，看不懂代码，我就让他从测试用例着手。测试用例运行（run）起来，调试（debug）一下，一会儿他就搞明白了。这招真的很管用。

把角色从说明文档变成需求文档，这实在是天才的大胆想法，它的好处很明显。

❑ 提高测试覆盖率，这是水到渠成的好处。测试用例先行，主体代码都是测试用例生出来的孩子，那么测试覆盖率自然提高。

❑ 影响主体代码设计，让主体代码写出来就是可测试的。这不难理解，既然是单元测试生出来的孩子，那么它们必定是可测试的。

❑ 本来编写测试用例是很枯燥的事情，如今是需求设计文档，写单元测试的人编写起来非但不枯燥，还很带劲。

一旦测试驱动成为现实，它的身份可就悄悄转变了。之前的流程是代码先写好，然后测试用例对已有代码进行分析，针对里面的各个分支设计测试用例，这实际上算是一种白盒测试。但现在的过程完全不一样了，之前可有可无的第三方监督者，如今变成了领导。从此一切跟着领导的指挥棒走。测试用例里不但包含业务需求信息，还包含接口的设计信息。这里明显感觉得到权力的交接：最重要的接口设计居然由测试来主导！

从此单元测试摇身一变成了需求文档。它成为了现实需求和代码实现的中间媒介，地位陡增。之前 Word 文档里的需求距离真实代码相差十万八千里，如今测试代码和真实代码处于同一维度。大家都是代码，我可以看见你，调用你。你却看不见我，永远不知道我是如何调用你的。

与此同时，编写主体代码的目的也有了根本的调整。以前脑子里想着的是为了实现业务需求，现在眼睛盯着的主要是为了通过单元测试。

16.3   编写单元测试的基本原则

好了，单元测试的发展史讲了这么多，接下来还是要回归如何去写这些烦琐的测试用例。

首先得说明：上面详细叙述的四步发展中，单元测试的地位越来越高，但这并不意味着你的项目就一定要采取地位最高的那种。毕竟有优点就有缺点。**任何一种开发方式，都是缺点和优点并备的，优点越多，缺点也越多。**

要采取何种开发手段，归根结底还是要根据项目自身的特点而定。下面还是借助问答的方式，阐述编写单元测试要注意的一些基本原则。

问：我的工程特别简单，没有什么复杂的代码逻辑，也需要写测试用例吗？

答： 如果项目有足够的时间，就去写。因为测试用例会优化你的代码结构，这个后面还会细讲。

问：一个函数对应一个测试用例，还是对应多个测试用例？

答： 一般是一个函数对应多个测试用例，一个测试用例对应着一个小任务。

最起码要有异常分支的测试和正常逻辑的测试。测试用例的函数名不怕长，最好通过函数名就能知道这个测试用例的目的。例如：

```
void Person_ReadBook_Exception_Test();
```

每个测试用例都拥有自己独立的任务。

其实也可以有一个测试用例测多个函数的情况，只要遵循上面那句话："每个测试用例都拥有自己独立的任务。"所以，不要拘泥于格式，关键是测试效果。

问：类里面每个函数都需要写测试用例吗？

答：从面向对象的角度来看，函数至少分为 public 和 private 两个等级。我认为 public 的都需要写，而 private 的就不需要写。要知道，在有些单元测试框架中，已经实现了可以直接调用 private 函数的功能（我估摸着是借助反射，因为只有反射才能穿透 private 的屏障）。但我认为这是测试部门为了加强自身价值而整出来的技术，真正价值并不大。

在第 8 章里说过，通过访问 public 函数，一定能执行你想要测试的 private 函数。虽然是一种间接测试，但 private 对你本来就是间接透明的意思，所以这样做是合理的。

那么，protected 函数呢？需要写测试用例吗？

protected 确实比较特殊，它对外是 private 特性，似乎就可以不用测了。但是子类的 public 函数可以重载父类的 protected 函数，并让其对外的特性间接变成 public。所以理论上，我们要在测试工程里新定义一个子类来重载这个 protected 函数，以便测试。例如：

```
class Person {
    protected void Run();
}
class Student : Person {
    public void Run(){
        super.Run(); // 这样便调用了 Person 类的 Run 里的逻辑
    }
}
```

但是请注意：这样重载会破坏对 protected 的封装！尽管你想把 **protected** 重载为 **public** 的愿望很强烈，但是基类将它定义为 **protected** 的理由更坚实。所以在实际应用中，也很少有子类真的将 protected 函数重载为 public。所以我的结论是"可测可不测。有时间就测，不测也不要紧"。

问：测试用例需要访问磁盘或网络，耗时很长怎么办？

答：由于测试用例在可持续集成环境里要被频繁调用，这就要求它每次运行尽可能地快，这样效率更高。所以它有个很重要的原则：只写发生在内存里的故事。也就是说，一旦涉及访问磁盘、访问网络、访问数据库之类的代码，我们并不建议编写测试用例。例如访问网络，不可能每次运行一遍测试用例，就真的去访问一遍服务器吧？这也是测试用例覆盖率不可能达到 100% 的原因之一。

但是我们也要尽可能地提高测试覆盖率。针对这种情况，16.4.2 节中还有实例介绍。

问：怎么理解测试用例是主体函数的说明文档？

答：有些例子中，测试用例就是最好不过的说明文档。假设 Person parsePersonJson

(string json)函数的作用是解析一段复杂的 JSON 数据：

```
void parsePersonJson_Test(){
    string input = "..."; // 里面的内容是 JSON 字符串
    Person person = Helpers.parsePersonJson(input);
    Assert(person.name, "Join");
}
```

那么，该测试用例的输入数据就是该 JSON 文件格式的范例，还是用代码的形式摆在眼前。这比普通文档好太多了。因为普通文档是放在工程之外的地方。时间久了，自然就没人看，没人维护了。

问：测试用例写到什么样的力度最好？每个分支都需要覆盖吗？

答：有条件的可以这么去做。但我个人认为测试的代码覆盖率其实达到 60%，效果就能非常好了，性价比是最高的。毕竟编写测试用例也要投入大量的人力。覆盖率继续提高，收获并不是线性的。当然，也要视具体情况而定，有的条件分支可能很多，但每条都很重要，且容易出 bug，那么这种情况就一定要每条都覆盖。

纯粹的测试覆盖率并不重要，重要的是该测的地方一定要详细测试。bug 的出现也是符合二八原则的——80% 的 bug 集中发生在 20% 的模块。对这些模块重点多编写测试用例绝对事半功倍。

问：对于没有返回值也没有输出参数的函数，需不需要测试？都没有返回值还需要测试什么？这种不需要写了吧？

答：哪怕函数没有结果可供验证，用测试用例调用运行一遍也是有意义的：因为运行通过后，至少知道中间不会出异常，不会崩溃，所以是需要测试的。

况且函数虽然没有返回值，但可能会修改某些共享资源，这一点也需要测试来验证。

问：测试用例发现 bug 的次数多吗？单元测试的实用价值到底怎么样？

答：对新函数首次编写单元测试，确实能发现很多 bug，尤其是一些边角条件的 bug，通过编写单元测试能很容易发现。

但单元测试已经通过的情况下，程序员对函数又做出了新的修改，然后导致原来的单元测试不通过。我个人的项目经验告诉我，通常是由于程序员忘记修改对应的测试用例所导致，并不是测出来新的修改有 bug。这也是很多程序员反感单元测试的原因。他们认为至少在重构中，它们的价值被夸大。

但有一类测试用例我非常喜欢，因为确实多次很及时地报出了新的修改所产生的 bug。这类一般是涵盖面比较广的测试用例。假设用户先点击"买车"按钮，再点击"驾驶"按钮：

```
private void Click_BuyCar(object sender) {
    ...... // 买车的逻辑处理
}
```

```
private void Click_DriveCar(object sender) {
    ...... // 驾车的逻辑处理
}
```

要直接触发点击按钮，对单元测试来说是很困难的。我们可以在工程里为每个控件加上一个唯一的控件 id，以便使用自动化工具去绑定该控件，进而进行操作。但这种完全模拟用户操作的测试已经不算单元测试了（不符合单元测试的含义），这属于更重量级的自动化测试。

但我们能很容易地把业务逻辑抽到单独的函数里，例如将上面的买车和驾车的逻辑封装到单独的 BuyCar 和 DriveCar 函数中：

```
private void Click_BuyCar(object sender) {
    BuyCar();
}

private void Click_DriveCar(object sender) {
    DriveCar();
}
```

接着，测试用例可以直接联动调用 BuyCar 和 DriveCar 函数来模拟用户操作了：

```
void Buy_and_Drive_Car_test() {
    BuyCar();
    DriveCare();
}
```

这类测试用例真的很管用。虽然它和自动化测试有重叠，但是它毕竟可以在开发人员重构代码时，时时刻刻监督着你。而自动化测试结果，是专门的测试人员更为关注，再反馈给开发人员。

很久之后，我才了解到这属于灰盒测试的范畴。它既满足"独立的测试任务"，也满足"仅仅发生在内存里"，也能应用在持续集成的环境里。

16.4 如何让代码面向单元测试

代码也有外表和内在之分，对外的表现是功能是否正常，对内的表现是其可测试性。

随着单元测试的普及，无形中要求你的代码是可测试的。那么，什么代码是可测试的？当然是容易编写测试用例的代码是可测试的。那么，如何编写可测试的代码呢？

这里用 3 个实例介绍如何将不面向测试的代码变成面向测试的代码。

16.4.1 买一个西瓜，无须先买菜市场

假设我想去超市买西瓜吃：

```
class Person {
    Market market;
    public Eat(string foodName) {
        if(foodName == "WaterMelon")
            Eat(market.WaterMelon);
```

```
        }
    }
```

可要得到这个西瓜要费老劲了。首先，要建一个菜市场。菜市场Market的构造函数是很吓人的：

```
Market(WaterMelon watermelon, Apple apple, Grape grape, Banana banana);
```

我们要凑满西瓜、苹果、葡萄和香蕉：

```
public void Person_Eat_Test() {
    // 把菜市场需要的水果都生成出来
    WaterMelon watermelon = new WaterMelon();
    Apple apple = new Apple();
    Grape grape = new Grape();
    Banana banana = new Banana();
    Person person = new Person();
    person.market = new Market(watermelon, apple, grape, banana); // 总算搞定了菜市场
    person.Eat("WaterMelon");
}
```

主程序代码里，可能感觉不到它的烦琐，因为很可能一开始 Market 所需的构造数据之前就已经准备妥妥的，拿来用便是。但通过单元测试，就很容易发现不对劲：为了吃一个西瓜，需要创建 Market 菜市场是划不来的，因为大部分资源我是用不到的，这个设计是有问题的。**资源之间如何相互依赖是有讲究的。通常情况下，尽量是大的依赖小的，小的不要依赖大的。就像下象棋一样，尽量让小兵去保护车，这就主动；如果用车去保护小兵，这就被动了。**

在现实代码中，比这个例子极端的比比皆是，如创建 Apple 对象可能还需要其他资源，又要被迫先生成其他东西，构成了一个长长的创建链条。这种依赖一般是需要破除的。

优化如下：我们可以考虑让菜市场 Market 提供一个单例。毕竟菜市场这种东西，大家还是公用一个好：

```
class Market {
    private static Market singleInstance = null;
    public static Market SingleInstance {
        if(singleInstance == null) {
            singleInstance = new Market(new WaterMelon(),
                            new Apple(),
                            new Grape(),
                            new Banana());
        }
        return singleInstance;
    }
}

// 之后 Person 可以简化为下面的形式
class Person {
    public Eat(string foodName) {
        if(foodName == "WaterMelon")
            Eat(Market.SingleInstance.WaterMelon);
    }
}
```

随之而来的测试用例也简单了：

```
public void Person_Eat_Test() {
    person.Eat("WaterMelon");
}
```

测试用例简单，也反过来说明你设计得好，因为使用起来简单。

16.4.2 只是演习，不玩真的

虽然访问网络和数据库之类的代码不在内存中不好测试，但这不能成为与之相连的代码不能测试的理由。我们可以提供虚拟访问网络的逻辑，而测试工程里将走这条虚拟路径，并提供些设计好的虚拟数据。例如，一个函数：

```
void updatePersonsFromServer() {
    string url = "/rest/home/persons";
    string personsString = GetInfoFromServer(url); // 需要访问服务器
    updatePersons(personsString); // 里面有很重要的逻辑，需要测试
}
```

因为 GetInfoFromServer(url) 需要访问网络，所以 updatePersonsFromServer 是没有办法进行单元测试的。

我们可以重构 GetInfoFromServer() 函数，让它支持一种 mock 模式：

```
string GetInfoFromServer(string url) {
    if(mockMode == true)
        return personsMockData; // 不需要访问服务器
    else
        return GetRealDataFromServer(url); // 需要访问服务器
}
```

接下来，写测试用例就简单了：

```
void updatePersonsFromServer_Test() {
    personsMockData = "" // 设计好的数据
    mockMode = true; // 设置成 mock 模式
    updatePersonsFromServer(); // 至少里面重要的 updatePersons 函数得到了测试
}
```

16.4.3 人机交互代码，怎么攻克

人机交互代码是单元测试遇到的最大敌人。很多人想过很多方法去攻克，有胜果，但终究不能全胜。例如点击一个按钮的事件：

```
private void clickButton1(object sender, Args args) { ...... }
```

一般是 private 级别的，你也不好访问，就算你修改成了 public 函数，测试用例能调用起来，可又如何呢？例如，点击这个按钮的作用是启动一个动画：

```
private void clickButton1(object sender, Args args) {
    startAnimation();
}
```

测试用例如何知道动画完成的对不对呢？这不是一丁点儿难。又或者弹出了一个对话框，卡在这，需要手动点击 Ok 或 Cancel 按钮才能继续。但测试用例又如何模拟用户操作这个对话框呢？针对这个案例，是有攻克手段的。

16.4.2 节的案例中，有一个 mockMode 标志位，如此难免有一个关于 mockMode 的 if...else 判断，能接受，但不完美。本案例就彻底用接口的方式来实现。

设计一个 interface 接口：

```
interface IOkCancelDialog {
    bool ShowDialog();
}
```

再让一个 mock 子类 MockOKCancelDialog 实现这个接口，它只是返回一个虚拟的值：

```
public class MockOKCancelDialog : IOKCancelDialog {
    public ShowDialog() {
        return true;
    }
}
```

其中 interface 接口在主体工程里，而 MockOKCancelDialog 是在测试工程里。在主体工程里，还有一个对应的 RealOKCancelDialog 能够启动真实的确认对话框：

```
public class RealOKCancelDialog {
    public bool ShowDialog() {
        DialogResult ret = MessageBox.Show("确定要退出吗?", "退出系统", messButton);
        return ret == DialogResult.OK;
    }
}
```

接下来，关闭某个窗口的代码可以这样实现：

```
void CloseWindow() {
    IOkCancelDialog dialog = GetSharedOKCancelDialog();
    if(dialog.ShowDialog())
        close(win);
}
```

于是这段 CloseWindow 就变成可测试的了。**GetSharedOKCancelDialog** 会根据线索在一个 container 里找到需要的对话框。在单元测试用例里，会先往 container 里注入 MockOKCancelDialog 的实例：

```
void CloseWindow_test() {
    container.Register("OKCancelDialog", new MockOkCancelDialog());
    CloseWindow();
}
```

这样通过一些解耦手段，把一些界面操作抽象化了，从而攻克了一些以前单元测试测不到的地方。

16.5　最后的忠告：无招胜有招

单元测试的本质是对软件进行横向解剖。如果有些代码的触发条件比较复杂，用户很难才能触发一次，那就得不到有效的手工测试。但这些代码又需要大量数据验证，例如上面电话号码的例子，怎么办？单元测试直接一刀把软件剖开，拿出这个函数的输入端截出来，让你喂数据喂个饱。

负责编写界面的开发人员普遍遇到这样的痛苦：如果是底层代码出错，通常先报给负责界面的人，然后界面的人检查半天，发现是底层的错。也就是说，底层一旦出错，你耗费的是两个人的工作量！而单元测试通过切片横向测试，可以大大缓解前端开发者的这种压力。

测试用例就像一把一把的尖刀，把整个工程剖析为一个一个独立的个体。尖刀都是插在各个部分的连接之处。好比屠牛高手依照牛的骨架结构进行解牛。这也是本章标题的含义。

在第 6 章里曾经挖了一个坑，这里做出解答。第 6 章列举了一个特殊数据的例子：

```
Array exceptionNumbers = {"123", "456"};
bool isExceptionNumber(string number) {
    return exceptionNumbers.Contains(number);
}
if(isExceptionNumber(number)) {
    DoSomeThing();
}
```

为什么将特殊数据封装在一个数组里，会比简单用 if...else 判断异常数据要更好？

那么，我们想象两个场景去对比思考。

场景一：当测试人员问你：你这次修改了啥？

你回答说：没改多少，就修改了一个 if...else 判断，真的不用担心。

可他能放心吗？没测出问题是他的责任啊。

if...else 的修改理论上就会影响大面积的东西，这是不能否认的。

场景二：可当测试人员又问你：你这次修改了啥？

你回答说没改多少，我就修改了一个静态数组，给里面添了一个数据。而这个新添加的数据我曾经在单元测试里添加了并模拟测试过的，这下他该放心多了。

这种数据驱动的写法之所以好，是因为它能事先得到测试用例的大量其他同类数据的验证。

也就是说，面向单元测试的架构多了一个接口，通过该接口能得到场外额外的帮助，等于开外挂了，那质量自然会提升很多。

同时也可以看到，面向单元测试编程，你的代码会自然贴近松耦合。因为你时时刻刻想到你的数据输入不仅仅只有真实数据，还有单元测试的数据。

好了，事无巨细地说了很多，但我觉得下面的话才是最重要的。

单元测试，是让你理解代码优劣的一个非常好的手段。我建议你一定踏踏实实去编写测试用例，因为编写测试用例的过程是你站在用户的角度使用代码的过程。你可以站在一个旁观者的角度去深层次分析代码的优劣。这是提高你编程水平非常好的途径！

即使你不写测试用例，你的脑海里也应该时时刻刻装着单元测试，脑补你代码的测试用例！只有你的脑子里时刻装载着单元测试，才能酝酿出最上乘的代码！很多高手之所以对单元测试嗤之以鼻，是因为他们无须测试用例，也能写出面向单元测试的代码。

16.6   总结

越是大型系统，越需要单元测试。

面向单元测试编程，有利于你的代码解耦合。

一个个的测试用例，好比一个个能运行的函数说明文档。

高覆盖率的测试用例，能有效支撑系统重构。

写单元测试不是聪明人的做法，却是普通人的聪明做法。

第 17 章

代码评审——给身体排排毒

Code Review 和单词 bug 一样，我一直没找到特贴切的中文翻译，搜了一圈觉得"代码评审"算是最贴切的。

它是大家协作编程过程中非常重要的一环。如果想整个团队的战斗力更强，代码评审绝对是需要好好进行的。

大家经常在面试中被考算法，以至于很多人以为算法最能体现一个人的实力，这是因为代码相对好考。其实对编程能力的测试是不够全面的。除非你工作的主要内容就是和算法打交道，否则在一般的应用层面的编程中，接触算法的时间是很少的。大部分时候，就是和本章所列举的代码评审的内容打交道。只不过这些知识点很散，不好考。虽然面试出现得少，但是我认为这些能力更能体现一个人的编程素养。

17.1 排毒要养成习惯

如果系统是一个身体，那么代码评审就是给身体排毒的过程。排毒，对本次迭代是很痛苦的，其好处体现在应付下次和以后的需求变更。

排毒，最好是定期的。那么，什么时机最好呢？主要是以下两个时间点：

❑ 一是迭代刚开始时的设计阶段；
❑ 一是迭代结束的时候。

代码还没开始写，就评审吗？

设计阶段的评审，严格来讲不是代码评审，属于设计评审。也不是所有项目都需要设计评审的，具体视项目特点而定。

例如，以前端界面为主的产品，界面已经被产品经理设计好了，而代码需要使用的框架，前人已经替你搭建好了。你只需要往里面填代码就行，在里面也很难掀起什么大浪，无须设计评审。

但很多底层模块依然是程序员的天下。如果一个模块本身就足够大，需要完全靠自己从零搭建，这时一定要事先设计评审，否则走弯路的代价是不可承受的。

17.2　磨刀不误砍柴工

这里列举代码评审的若干好处。

- ❑ **提高代码质量。**所谓看棋升三段，每当评审别人代码的时候，总能感觉自己的水平迅速提高。而相互之间的思想碰撞，也是程序员喜欢的方式，能让代码质量快速提高。
- ❑ **修复 bug 的代价最小。**离你越近的人指出问题，代价就越小。
  - ■ 自己人在内部指出问题，代价最小。
  - ■ 其次是测试部门测出来。
  - ■ 最严重的是来自用户反馈。
- ❑ **促使团队之间相互备份。**评审别人代码的同时，强制每个人尽可能熟悉别人的代码。这增加了每个人的被替代性，防止因某个人的突然离职或长时间休假对整个项目组带来严重影响。
- ❑ **代码写得烂，反而会增加这个项目对该程序员的依赖性。**因为这一坨烂代码，除了他没人懂，没人敢改啊。

出现烂代码的原因有很多，我总结了如下几点。

- ■ **水平暂时确实很烂。**这个就没什么可说的。每个人都会经历的阶段，很正常，能做的只能是尽量减短该阶段的周期。
- ■ **"懒"点出现。**这个人可能大部分时候并不懒，但往往关键时刻懒劲来了，于是写出了长长的烂代码。烂代码往往比好代码更长，写出来却更省劲！
- ■ **"舍不得"心理。**在不断地迭代修改中，曾经花了大力气写出来的代码已经不合时宜了，却舍不得删掉，不愿意承认环境的变化，反而找出各种理由保留它们。

无论什么原因，烂代码就这么产生了。直到遇到了无法满足且不断冒出来的新需求，才痛定思痛地去优化。但事到如今，损失最大的是项目本身。能不能一开始就写出友好的代码？减少优化升级的次数？

代码评审是解决这个难题的唯一利器。

17.3　经验点滴——关键是流程化

如何去做代码评审呢？下面是一些极具可操作性的经验。

- ❑ **规定一个固定的周期去做代码评审，比如两周一次。**大家尽量在代码评审之前完成自己模块的代码，能达到一个可被评审的状态。
- ❑ **硬性规定代码评审属于任务的一部分。**每个任务一定在代码评审完毕之后，才能结束。
- ❑ **一定要有个主审人提前去看代码，否则效果大打折扣。**他们之间事先可以去沟通。在会议上，也可以尝试主审人讲解为主，被评审的人答疑为辅的形式。

- □ 被审核的开发者，最好能主动提出哪些代码可能存在潜在的问题。这样做的效果是最好的，也节省大家的时间，但这要求开发者对自己的代码心中有数。
- □ 会议中提出来的疑问点，会议中当场讨论。如果大家都接受了，那么会议上的最终决议将会形成新的任务记录，来跟踪相关程序员修改。
- □ 会议上，大家有机会头脑风暴。代码中一些复杂设计的产生，可能需要综合每个人掌握的信息。记住，这么多人在一起做代码评审，不是为了审犯人，而是为了能有头脑风暴。**架构优化的正确选择需要建立在完备的信息之上。**
- □ 每个人主要从以下 3 个方面去进行代码评审。

  - 变量名和函数名是不是准确？自己取的名字，好比自己的孩子自己天天看，越看越喜欢，不容易看出毛病。而其他人更容易发现名字不准确。
  - 有没有明显的 bug？例如检查边界条件等。这是再资深的程序员也容易犯的错误。
  - 整体设计有没有优化的空间？这需要有经验的人站在更高的层级去看问题。

17.4　11 个案例

大部分程序员将所有精力花在确保自己的代码没有 bug，但这是不够的，还应该抽取一部分精力提高代码的质量。

下面列举一些代码评审的真实案例。这些案例都没有 bug，却值得优化。它们都不是从初学者身上得到的案例，恰恰相反，都是从有一定经验的开发者身上找到的错，包括我本人也会有的。有时候，心一懒，一段昏庸的代码便出现在这世上。

通过这些案例，大家可以深入了解除了评审代码格式，一般还要评审什么？什么样的评审才是好的代码评审？大家观看的同时，也可一边反思自己的代码是否有一样的问题。

案例 1：言行不一致

示例代码如下：

```
bool setContent(string content){
    content = content;
    return true;
}
```

这段代码有好几个问题。

首先，set 函数很少需要返回一个 bool 类型的标识来告知到底是成功还是失败，直接用 void 就可以了。

其次，一旦对外定义了返回类型，但里面的行为和外面的定义是不一致的，那么你将永远返回 true，却没有返回 false 的可能。

表面上看至少没有副作用，其实不然。当别人调用的时候，会产生困扰。别人一定会以为里面有返回 false 的情况，所以他们有可能写：

```
if(setContent("Join") == false)
```

这样的逻辑，却永远不会被执行。如果 setContent 对他们是很常用的函数，那么这种困扰就更大。

案例 2：弄巧成拙

下面看看这条长长的语句：

```
int result = ret1 == RESULT_OPERATION_OK && ret2 == RESULT_OPERATION_OK ?
RESULT_OPERATION_OK : RESULT_OPERATION_FAIL_NETWORK
```

晕不晕？不如老老实实修改成：

```
int result;
if(ret1 == RESULT_OPERATION_OK && ret2 == RESULT_OPERATION_OK)
    result = RESULT_OPERATION_OK;
else
    result = RESULT_OPERATION_FAIL_NETWORK;
```

条件判断原本是方便大家理解判断逻辑的语句。但这种情况让整个条件判断太长了，阅读速度反而不如传统的 if...else 写法，所以算是弄巧成拙了。

案例 3：知情不报

在无返回值的公有函数里，有特殊判断，却直接截获并返回。这样做反而屏蔽了信息，我们推荐使用返回值告诉外层。例如：

```
public void updatePersonInfo(Person person){
    if(person.Age < 18)
        return; // 小于 18 岁的人不允许此操作
    try{
        person.update();
    }
    catch(Exception ex){
    }
}
```

如果操作逻辑比较复杂，而且是公有函数，最好有布尔类型的返回值，指示是否执行成功。另外，如果有异常直接被吃掉，一般来说也是不好的，最好截获后返回 false 值。所以这里的逻辑属于"知情不报"。而"知情不报"有时候造成的后果是很严重的。

之所以强调是公有函数，是因为我可以接受私有函数这样写。毕竟私有函数的标准和公有函数是不一样的。私有函数一般是开发人员自己写自己调，所以里面的逻辑自己完全掌握。

案例 4：杀鸡用牛刀

程序启动，先调用 login 模块，再调用 Operation 模块。期间，login 模块会传递一个 bool 数据给后面的 Operation 模块。

最初的代码逻辑是 login 模块先将 flag 数据写入磁盘文件，然后 Operation 模块从文件里读取这个 flag 值：

```
void login(){
    SaveFlagToSettingFile(flag);
}
```

和

```
void Operation(){
    bool flag = ReadFlagFromSettingFile();
}
```

这样就有问题了：为什么不直接将 flag 保存在内存里，也就是保存在一个全局变量里？现在是把内存数据保存到磁盘，然后又从磁盘读取到内存，明显是绕弯了。

磁盘数据不是这么用的：它的特点是哪怕程序关闭重启，这些数据也不会丢失。所以它是用户当前操作和之前操作沟通的桥梁。例如：在"登录"界面中，第一次登录时，会将我的用户名记录在磁盘。之后哪怕重启程序，我再次登录时，用户名会自动显示在"登录"页面，无须重新输入了。

如果是本次操作，各个模块之间传递数据，除非是跨进程，同一个进程里面用内存变量即可。因为除了关闭程序导致数据丢失，内存变量拥有的缺点磁盘数据都有。而且磁盘操作效率降低，也不利于单元测试。

这里就是用错了工具，杀鸡用了牛刀。

案例 5：漂亮就是生产力

通常来讲，代码长得漂亮更易读，长得丑陋更难懂。请看下面这个案例。

如果需要自己解析比较大的 XML 或者 JSON 文件，那么下面的代码想必是大家会经常遇到的多嵌套循环体：

```
foreach(Node a_node in nodes){
    if(a_node != null){
        foreach(Node b_node in a_node.children){
            if(b_node != null){
                foreach(Node c_node in b_node.children){
                    if(c_node != null){
                        foreach(Node d_node in c_node.children){
                            ...... // 继续嵌套的循环，大概十几层
                        }
                    }
                }
            }
        }
    }
}
```

如果层级不深，那么问题不大。可是这里的 for 和 if 循环嵌套太深了，十几层啊！就像空中大雁的人字形队伍，浩浩荡荡。阵型很有气势，但对阅读不利。那么，如何优化呢？针对 if 语句，这时候可以采取 if...continue 以纵向空间换取横向空间的办法：

```
foreach(Node a_node in nodes){
    if(a_node == null) continue;
    // 正常逻辑
}
```

于是上面的代码可以变换成：

```
foreach(Node a_node in nodes){
    if(a_node == null) continue;
    foreach(Node b_node in a_node.nodes){
        if(b_node == null)  continue;
        foreach(Node c_node in  b_node.nodes){
            if(c_node == null)  continue;
            foreach(Node d_node in  c_node.nodes){
                if(d_node == null)  continue;
                // 继续嵌套的循环
            }
        }
    }
}
```

嵌套变少了，横向空间变窄。而纵向的行数其实也没增加多少：

```
if(a_node == null) continue; // 并成一行，进一步减少纵向空间
```

我本身对于 if 判断的正面逻辑和反面逻辑的写法并没有特别偏好。两种写法的思路不一样，各有优缺点。只是这个例子里，用 if 正面判断，缩进实在太长了。

如果你所用的语言能很好地支持函数式计算，那么遇到这种情况，应该优先考虑具备优雅链式结构的函数式编程。代码大概如下：

```
nodes.filter((a) => {return a!=null;})
    .map((b) => {return b.nodes;})
    .reduce(function(a, b) => {return a.concat(b);})
    ......// 继续链式结构代码
```

函数式编程是破除循环嵌套的利器，且使用率很高。熟练运用它，能大幅度提高编程效率。

案例 6：catch 分支尽量也有 return 语句

示例代码如下：

```
int result = 0;
try{
    // 正常逻辑处理
    result  = Process();
}
catch(Exception ex){
    Log(ex.Message);
    result = Error_Code; // 这句话极容易漏掉
}
return result;
```

这个代码片段的逻辑并没有错，但是会有潜在的 bug 危险。因为最底下的 return result 语句一般是写 try 分支前就已经写好的，属于正常逻辑的一部分。而 catch 分支里面很容易就

忘记了处理 result 的错误值，此时编译器并不会提醒你。

我推荐 try 和 catch 里面都有 return 语句：

```
Result result = 0;
try{
    // 正常逻辑处理
    result = Process();
    return result;
}
catch(Exception ex){
    Log(ex.Message);
    result = Error_Code;
    return result;
}
```

这时候一旦忘记了 catch 异常分支处理的话，里面没有了 return 语句，这时编译器会出错提示你的。

案例 7：构造函数和 Setup 函数的区别

在一个不是很复杂的类里，没有其他逻辑，只有一个 Setup 函数，而 Setup 函数里将对象的数据成员初始化了：

```
class Robot{
    public Robot(){
        Setup();
    }
    void Setup(){
        // 初始化了一些简单成员变量
        this.Color = Color.White;
    }
}
```

这从逻辑上来讲，并没有 bug。但 Setup 函数的应用场合没有把握准。如果初始化的工作都交给 Setup 函数，那还需要构造函数干什么？

Setup 函数一般是做什么用的呢？一般来说，Setup 是个比较大的概念。当整个程序启动或某个模块启动时，要准备的工作往往还不止一件，有初始化数据库之后再连接网络等，这个时候应该用 Setup 函数。例如：

```
class Robot{
    public Robot(){
        // 初始化了一些简单成员变量
        this.Color = Color.White;
        Setup();
    }
    void Setup(){
        PowerOn();
        ConnectNetwork();
    }
}
```

如果仅是成员变量的初始化，就用自身的构造函数即刻。

案例 8：`if...else` 分支合并

示例代码如下：

```
if(condition){
    setup(a);
}
else{
    setup(b)
}
initSomething(); // 两条 if...esle 语句中间仅仅一条语句
if(condition){
    DoTask(a);
}
else{
    DoTask(b)
}
if(condition){
    return resultA;
}
else{
    return resultB;
}
```

以上就是让人混乱的代码。前面讲过 `if...else` 语句的信息量是很大的，容易降低阅读速度。而这里连续三次对同一个 condition 进行 if 判断。公用的逻辑占少数，分支的逻辑占多数。所以用一个大的 `if...else` 框起所有的逻辑，会更简洁：

```
if(condition){
    setup(a);
    initSomething();
    DoTask(a);
    return resultA;
}
else{
    setup(b);
    initSomething();
    DoTask(b);
    return resultB;
}
```

很明显，优化后的代码逻辑更顺畅。

案例 9：主营业务被关联到次要业务上

我们有一个上传用户操作步骤到服务器的功能，通过 `void sendEvent(string event, string eventData);`接口，上传用户的登录操作、点击操作和查询操作等。某个同事在 `sendEvent` 里面添加了一个额外的逻辑：

```
void sendEvent(string event, string eventData){
    if(event == "login") {
        RegisterUser(); // RegisterUser 是重要的不可或缺的逻辑
    }
```

```
      ...... // 以前的逻辑不变
   }
```

这样虽然没有 bug，但很不妥。很明显，`sendEvent` 功能是一个外挂的功能，属于次要业务而非主营业务。它对主营业务其实是可有可无的。虽然它的重要性暂时被强调得很高，可能一旦需求更换了，该功能说不定被抹掉也是很正常的。我们追求的理想情况是：将来若要抹掉，我们仅仅把该 `sendEvent` 函数内部的具体实现悄悄地全部注释掉，变成一个空函数即可。不用更改其他任何地方，也不会影响任何地方。

可如今我们无法这样做，抹掉会产生严重的 bug。

这就是主营业务被依赖到了次要业务上，让整个架构失去了弹性。

正确的做法是，依赖关系反过来，次要业务依赖主营业务：

```
void RegisterUser(){
    sendEvent("login", username);
    Register();
}
```

案例 10：优先组合而不是继承

在一次代码评审会议上，有人将基类的扩展函数添加到基类自己内部：

```
class BaseModel{
    public string title;
    public string date;
    // 以下是若干个 BaseModel 的扩展函数
    static BaseModel TransferModel(BaseModel model){
        ...... // 实现逻辑
    }
    ...... // 其他的 BaseModel 的扩展函数
}
```

我说："你应该把这些 `static` 函数都移到 `Util` 之类的类中。"

不料他反问到："我这样做又有什么区别呢？凡是 `BaseModel` 子类都有访问这些 `static` 函数的权限，这样对它们的使用就像使用父类方法一样。"

我一时语塞，幸亏反应快："你应该优先组合而不是继承，更何况 `static` 并不会被继承。你现在放在基类里，一定会强行导入所有子类里。这等于强行把所有子类都添加了这些功能，不能剥离。而你放在 `Util` 里，这些功能就变成了可拆卸的功能，不想用的时候可以很方便地删除。"

案例 11：讨厌的邋遢行为

系统越做越大，渐渐有了好几个全局性的变量，而且它们不同值的配套组合会让系统产生不同行为。例如：

```
public static string Role_ID;
public static string Section_ID;
public static bool Is_Single_Mode;
```

理应让它们的定义集中在一起，就像上面这样，对照修改起来更容易。但现实是它们居然散落在不同的模块里，东一个西一个。可能是历史原因产生的，因为需求是一点一滴提出来的，时间相隔也比较长。这导致每次添加新产生的全局控制变量时，忘了之前有相关的变量。于是每次就这么随手一放。这也是一种邋遢行为！很像有的男程序员生活很邋遢，他能让一只袜子在床底下，另一只在鞋子里。神出鬼没的，让人防不胜防。

对付这种情况，我建议先从生活习惯着手，以后放袜子的时候先想想有没有专门的地方放袜子。把生活物品归整好了，有了整洁的习惯，对代码归整的感觉自然也提高了。

17.5　总结

代码评审涉及代码的方方面面，无死角。它是提高软件整体质量的重要手段，也是提高程序员编程素养的捷径。

代码水平是程序员之间极好的交流过程。

我们每个人都应该从评审自己开始，进而去评审他人，提供项目质量的同时，也促进大家共同进步。

第 18 章

编程就是用代码来写作

18

本章讨论的是程序员另一个维度的能力，一种文科的能力。虽然编程大部分是建立在逻辑思维之上，但基本的文科能力依然是不可或缺的。如果你忽视它，倒不太影响你水平的下限，但无疑会制约你水平的上限。所以想成为一名合格的架构师，本章必须好好掌握。

18.1 程序员与作家的区别

如今作家写作也不用钢笔了，和程序员一样都敲键盘，所以作家和程序员都是在出售自己构思并组织的文字。

不同的是，作家写作的时候，脑子里呈现的是人物和故事。而程序员写代码，脑子里更多的是逻辑和数据。

程序代码就是将编程语言提供的关键字用一堆堆的数据组织连接起来。古老的汇编语言，是让人去懂机器，所以汇编语言的代码很难有写作的感觉。但之后的高级语言，是让机器去懂人。尤其是面向对象的语言，让写作的氛围越来越浓了。所以，我一直说"编程，就是用代码来写作"。

既然编程有一定的写作成分，那么本章就好好聊聊，如何让我们的"小说"更动人。

真正的写作技巧是很多的，比如倒叙和插叙等。但编程不用，**编程的写作目的只有"如何描述得更准确、更简单"**，它并不需要有趣。

说起命名准确的重要性，举一个极端的例子让大家体验一下：把一个故事里的"我""你"这两个词互换一下。"我"的含义是你，"你"的含义是我。例如：哇，你今天好帅啊，比我帅多了！估计整个故事下来，要多烧你很多脑细胞，需来回看多遍才能懂。

何况大部分代码，被阅读的次数比被编写的次数多得多。这些阅读者不仅是自己，还包括别人。而阅读又往往发生在很久之后，即使是编程者自己，也需要重新捡起当初的记忆。每当阅读自己代码发生卡壳的时候，往往特别依赖命名的准确性。所以命名准确的重要性真的超过大多数人的想象。

我自身的经验告诉我，写文章的良好的表达能力确实对编程的架构设计有非常大的帮助。精确描述每个函数名、变量名和类名，能大大有利于整体思路的构建。有效减少思维的跳跃，让脑力减少内耗，从而更多地集中在需求本身。

据我观察，有相当比例的程序员，命名随意堆砌，相隔久了自己看得都费劲。糊涂了别人的同时，也成功地迷惑了自己。很多程序员虽然编程多年，但命名依然很烂，应该是从来没引起他的重视，也无形中成为制约他水平的瓶颈。

编程就是用代码写作。既然是写作，那么咬文嚼字很重要。

18.2　如何提高写作水平

为了让代码描述得更准确、更简单，程序员需要具备哪些功夫呢？主要有如下三点。

18.2.1　英语还是躲不了的

由于历史的发展，所有的编程语言都是英文的。有人曾试图去支持其他语言去编程，甚至是汉语，技术上很容易实现，但均不了了之。

大家一定要注意，刚才谈论的写作是要用英文的。**和英语打交道，是每个程序员都免不了的。**即使在国内的公司，你注释可以写中文，但函数名总不能写汉语拼音吧？

看过有些人的命名，思维诡异，随心所欲，毫无章法，可以推断其高中语文也是困难户。我知道很多理工男从小就有偏科的传统，数理化都很好，语文和英语就很惨。但这并不能成为你命名不行的理由：代码里所需要的英语能力并不高。不像四六级，考你好几千个单词。编程常用的词汇相对集中，用法也简单。

当然，这是针对于代码而言。如果你想阅读国外最新资料，英文水平还需要进一步提高。

18.2.2　重视的态度

我发现一个现象：命名的质量首先取决于态度。一旦重视起来，那么每个人的命名质量都能上一个台阶。

所以呢，态度一定要正确，每次取名前要时时刻刻给自己提个醒。举几个例子，让大家体味一下，如果你用重视的态度，能不能做到更好？

案例 1

用户对商品有一个点击 like 进行收藏的操作，那么后台便有一个"收藏的商品"的类。

一位同事一开始直接把界面操作的概念带进来了，取名为：

```
class like { }
```

这着实吓我一跳！且不说类名一般是名词，很少有动词，而且这个 like 动词也太基本了，它甚至是 SQL 语句里的关键字。所以，这是极为不合适的命名。

一般对于收藏，我们取名为 Favorite，这个是好词。

案例 2

依然是 Favorite 这个单词。它很特殊，其中 4 个元音字母都不一样，是很容易拼写出错的。如果拼写为 Fovirate，那别人拿着正确的 Favorite 去搜索，就匹配不上，找不到。

案例 3

有一个类似文件夹的容器，里面可以有若干同类物品。于是你取名为 Folder，这本来没有错。

但是之前的迭代版本，大家已经取名为 Box。这就有一个专属概念了，你取名为另一个名字，会让大家产生歧义：Folder 和 Box 应该是两个概念，莫非你的 Folder 另有玄机？

于是给大家徒添困扰。

这些问题，通过正确的态度，都比较容易解决。

有一天，你发现经常为了取好一个名字而发愁，那反而说明你水平增长了！

18.2.3　需要长期的积累

有了重视的态度，这仅仅是开始。

不要小看命名的能力，好像以为很简单，只要认真重视起来就肯定没问题。这种能力也同样需要多年的锻炼。我们先明白一些基本原理。下面是命名的优先级：

❑ 函数名；
❑ 类名；
❑ 成员变量名；
❑ 参数名；
❑ 临时变量名。

下面依次简单介绍这几个主要的命名。

1. 函数名

函数名变化最多，也最复杂。

函数名可以是纯动词，例如 Reset，也可以和名词组成动宾结构，这就复杂多了，例如 SearchItem(string item);

不仅如此，它还可以和介词连用，这样函数名可能就有两个宾语了，例如：getInfoFromServer();

所以，函数名容易承载大量语境，是写作的核心，也是我们揣摩的重点。后面还有案例介绍。

如果函数名太长，要不要采用单词缩写？

不同的语言风格不一样。比如 Objective-C 和 Swift 语言是喜欢全拼写的单词，所以它们的函数名经常很长，参数名也很长，整个函数加在一起，经常长到换行。它们追求的是一种"阅读代码就像阅读句子"一样的快感。

但大部分语言还是认为过多的单词信息反而蒙蔽了程序员的眼睛。

至于我个人的体验呢，哪种风格都可以，适应了就好。

2. 类名

类名主要是名词，即使有动词，也是做动名词用，相对静态，比较好把握。类名是最外层的概念，本来应该最重要，但因为它是名词，不容易出差错，所以优先级排第二。

类名唯一需要注意的是它是具体概念的名词，不是虚头巴脑的名词，所以它不可能是 class People，只能是 class Person；不可能是 class Group，只能是 class ***Group，比如 class TaskGroup。

3. 成员变量名

成员变量名在语境上可以是宾语或者主语。它比类名稍微复杂点，因为它不仅是纯名词，还可以用形容词来表示状态，比如 bool IsValid 之类。

对于成员变量来说，最好能有标识它类型的前缀。例如：

```
Button btn_Search; // 以后看到 btn_Search，我们就知道这是一个按钮
```

4. 参数名

对于参数名来说，大家经常有把它变成临时变量的冲动，就随便取个名。这有时候可以，但有时候可不行，比如：

```
int Sum(int a ,int b);
```

这两个参数本身没啥具体身份，所以用 a 和 b 表达是完全没问题的。但是：

```
Helper.SolderBook(Person solder, Person buyer, Book book);
```

里面的 solder 和 buyer 是很重要的身份表达，万万不可省略。

5. 临时变量名

而对于函数内部的临时变量名，其作用域不超过三五行，确实可以随意些。但是有些重要作用的名字，还是不能随意。

比如，对于指代为返回值的变量，我们取名为 ret，这样就能清楚地知道它最后是要做返回值用的。如果取名为 temp，比如：

```
int Calculate(int a , int b) {
    int temp = a - b ;
    if(temp < 0) temp = 0;
    return temp; // 凡是有 return temp;这样的语句，说明取名不够好
}
```

18.3 案例解析——咬文嚼字很重要

接下来，列举几个高级一些的实际案例。这些案例的命名都与具体的业务深度结合，需要反复琢磨，大家好好揣摩一下。

案例 1

一个同事将函数取名为 `getInfoFromServer`。其代码如下：

```
void getInfoFromServer(){
    // 前三分之一的段落是从 server 端获得数据
    // 后三分之二的段落是解析数据并更新到数据库中
}
```

它的功能是从 server 获得 info 数据，然后解析数据并更新到数据库中。而且从逻辑看，后面更新的逻辑是对外的主要功能，因为外面只关注数据库的数据。

所以我建议他把名字修改成：

```
void updateInfoFromServer()
```

其原因如下。

- ❑ get***这类函数，一般都是有返回值的。定义成 void，有点不符合常理。
- ❑ 定义成 update，对外强调的是你把某些信息长久保存下来了。而 get 一般都是临时的内存数据。
- ❑ 如果要更精确，应该考虑取名为 void updateInfoFromServerToDB。这样把所有的情节都包含了，但似乎有些长且累赘。考虑到系统中只有数据库能保留这么庞大的信息，我们可以把 ToDB 省略。这也是精确和简介之间的一种权衡吧。

案例 2

一个同事将一个函数取名为：

```
void changeToHome()
```

它的功能是想把 home 窗口设置为最根上的父窗口，即 root 窗口。我建议他修改为：

```
void changeRootToHome()
```

他反驳说："changeToHome 也只能想到是把 root 设置给它啊，不可能有别的可能了吧？为什么还要这么啰唆？"

我说："把某种属性给 home 窗口，当然可以不仅是 root 啊！只有和你一样了解需求背景的人才能秒懂。"

或者，再举个形象点的相似例子。乔布斯回到苹果公司做 CEO，如果这样写：

```
void changeToJobs();
```

是不是觉得有点唐突了？不熟悉苹果公司历史的人可能会疑惑具体的细节。如果修改为：

```
void changeCEOToJobs(); // 将乔布斯变为 CEO
```

这样大家都能读懂。该函数还有优化的空间：如果把 Jobs 参数化，这样将来换个 CEO，也不用重新定义函数了，可以优化成：

```
changePersonToCEO(Person person);
```

这里函数名和参数名的 Person 信息重复了，参数名本身也可以提供推断信息。

于是可以优化成：

```
void changeCEO(Person person);
```

记住：代码语言并不要求像真实写作那样通顺且没有语法毛病，它只要求精确和简洁！

最后，还可以微调一个细节：但在编程的代码里，change 一般带双宾语，set 最好接单宾语。这里的 change 修改为 set 更恰当：

```
void setCEO(Person person);
```

将来调用如下：

```
Person Jobs = new Person();
setCEO(Jobs);
```

案例 3

一个同事在底层接口里，取名一个函数为：

```
int getImagesNumber();
```

我建议他修改为：

```
int getElementsNumber();
```

他反驳说："这个函数在工程里只会统计 Image 的个数，不会统计别的啊。"

我说："因为 Image 是上层界面带过来的概念。这里是底层接口，理论上它是不知道界面是什么元素组成的。你今天的界面只有 Image，保不准明天会修改成其他元素。所以，修改成通用的 Element 单词会更好。"

记住：在抽象的模块写代码，单词应该是抽象的。底层模块里的单词往往都是抽象的、通用的，上层模块的单词是具体的。

案例 4

有同事把接口名取为 IAction 和 ICommand 等，我的建议是这种名字取得太大了，名不副实，也容易和系统名相冲突。最好加上自己工程名的限定，比如：IMyProjectAction 和 IMyProjectCommand。

18.4   谨慎对待注释

注释并不属于代码，只是描述代码的辅助文字。但我更愿意将注释看作代码里蛮特别的组成部分，这样无形中能让注释在我脑子里的待遇提高。下面总结了注释的两大种类以及它们的基本规则。

18.4.1 必须存在的注释

这类注释只有有需要，可以加在任何地方。它通常描述一些难懂的逻辑或者已知但还没有解决的坑。例如：

```
int getPersonAge(Person person){
    if(person.Name == "Kite"){
        // 这位 Kite 女士拒绝透露自己的年龄，为了保护她的隐私，我们返回猜测的年龄
        return 40;
    }
    return person.Age;
}
```

这类注释很重要，不能省略。很多时候，光看代码，就复杂得让你找不到头绪，但幸亏有一两句曾经的注释让你把握大的方向，从而迅速理解代码。

18.4.2 做做样子的注释

有一种注释是规范化、格式化的，是函数描述文档的那种注释，例如：

```
//////////////
/// 获得学生的考试成绩的平均分
//////////////
double getStudentAverageScore(Student[] students);
```

这类注释通常被项目强制要求写，并不包含太多干货信息，是一种无可奈何的注释。

这些年，我对这类注释的态度也经历了一波三折，算是不断深入认识的过程吧。

一开始懒得写，后来发现多写点注释还是有帮助，于是写很多。再后来发现还是应该浓缩在函数名和参数里，注释尽量少些。

为什么会产生这种认识上的变化？还得从注释的特性说起。

注释自己可以看，但更多的是给别人看。既然需要别人看，就要注意别人的使用方式了。

当别人写代码调用你的函数时，他首先查看你的函数名，在还没有看明白的情况下，才会跳转到函数定义查找你的注释，寻求帮助。

一旦他的代码完成之后，他的代码里只能看到你的函数名，再也不能直接看到注释了。函数名永远浮在上面，注释永远隐藏在后面！如果你的函数名有足够的描述力，那么他将来维护代码的时候，再不用去刻意查看你的注释了。

另外，希望大家少依赖注释还有一个很重要的原因：程序员可能不停地修改代码，但程序员很难保证能不停地去维护相应注释，尤其是别人写的注释。久而久之，容易造成代码和注释脱节。

所以，我认为最高境界是尽量不给代码写文档，而是让代码文档化。**不要期望函数名和参数描述不了的信息，让注释去描述。**还以上面的：

```
double getStudentAverageScore(Student[] students);
```

为例。我们想实现只统计及格学生的平均分，于是用注释描述：

```
///////////////
/// 获得学生的考试成绩的平均分
/// 我们只统计及格的成绩的平均分
///////////////
double getStudentAverageScore(Student[] students);
```

但外面调用往往不会考虑那么多。如果用参数来进一步说明，情况会变得简单了：

```
double getStudentAverageScore(Student[] students, bool includingFailedStudent);
```

通过 `bool includingFailedStudent` 参数，控制该函数到底统不统计没有及格的学生成绩。这样别人调用的时候，肯定会琢磨 `includingFailedStudent` 的含义。

当然，有一点值得说明："完整的函数名 + 充足的参数信息"和完整的注释并不矛盾。你拥有"完整的函数名 + 充足的参数信息"并不意味着你继续写注释就完全没必要了。这里我要强调的是，大家要减少对注释的依赖。如果有足够时间的话，写总比不写好。而且如果你编写的是底层通用模块，即使有"完整的函数名 + 充足的参数信息"，也常常很难保证言辞达意，所以往往还需要注释，甚至需要在注释里举例如何使用，这样可以免去单独发布使用文档。

18.5   总结

不要低估命名精确的重要性。

拥有重视的态度仅仅是第一步。

不要过多依赖注释，要让代码文档化。

第 19 章

程序员的精神分裂——
扮演上帝与木匠

从本章开始，不再讨论具体的编程技术了，而是讨论和编程相关的一系列东西。

编程是标准的纯脑力活动，除了手指和眼球的运动，基本不需要什么身体活动。但脑力活动也是多种多样的，正如体力活动有长跑、短跑、滑雪和游泳等。而本章将分类探讨程序员的脑力活动。

19.1 一个脑袋，两种身份

编程是将一个虚幻世界构建起来的过程。

作家也经常构建虚幻世界，但小说里虚幻世界的描述有轻有重，有实有虚。当有内容超越作家的想象力时，他可以用白描的手法虚晃过去，只要保证他描述的那部分足够精彩就行。

但程序员构建的虚幻世界不是这样，他的难度在于：你的世界可以不大，但你的世界范围内的每个细节是足够夯实的，每一块砖头都需要实实在在地被考虑和实现。

于是程序员在构建虚幻世界的时候，经常会出现独特的精神分裂现象：起初他像个上帝一样开天辟地，指点江山，甚是过瘾，我们称为上帝模式。但一旦框架搭建完成，规则制定完毕后，你构建的每一个物种或者建筑都需要细细地一笔一笔雕刻完成，极度辛苦，我们称为木匠模式。

这两种身份的思考方式差异巨大，心情差异也巨大，经常切换，不得不让程序员们感到"精神分裂"。

下面分别谈谈这两种模式。

19.2 上帝模式：开天辟地，指点江山

"上帝模式"，听名字就觉得很高大上，其实他离大家并不远。最普通的，当你在设计类的封装和继承时，你已经在和上帝打交道。下面我们窥探一下，程序员当上帝的时候，在干什么呢？

19.2.1 "上帝"在干什么

处于上帝模式的时候，程序员似乎在充当一个造物者，是他们最有成就感的时候，能极大地感受到编程的乐趣。

上帝模式干的最主要的工作是，如何把代码更高效地组织起来。把小的东西组合成大的，添加简单的东西慢慢变复杂，让静的东西变动。

上帝模式大概分为如下几个技术层次。

- 最底层是类（或结构体）的封装和继承设计，还有流程设计。
- 建立在这之上呢，有各种设计模式。
- 很多人以为设计模式就顶天了，其实上面还可能有架构模式，就是大家经常用的各种框架。
- 而架构模式之上，还要考虑到物理架构，到底跑在哪些机器之上。

上帝模式的特点如下。

- 技术发展不会那么快。木匠模式的技术，变化周期大概一两年。而上帝模式的技术，变化周期大概是 10 年、20 年甚至更长。这对大龄程序员是个好消息，因为有充足的时间去消化新技术。
- 它的知识点比较散，比较虚，让你列出来吧，又没那么好归纳。其中设计模式和架构模式前人已经总结得非常好了。但除此之外，还有好多技巧比较散，不是那么好把握。很多选择只能是具体问题具体分析，而本书有相当多的章节提供了很多这方面的实例。
- 由于应用场景不一样，好坏的标准很难精确，所以最后每个人的领悟可能会不一样。
- 即使有提高，但效果不会立竿见影，还需要长期的磨练和检验。
- 积极活跃的技术分享者相对少。

上帝模式的技术，是每个程序员应该追求的目标。这个过程不仅需要持续地尝试，更需要自己的思考和总结。演示图如下：

```
while(持续努力) {
    尝试;
    修改;
    思考;
    总结;
}
```

通过以上步骤，历练时间久了，我相信每个人都会悟到属于自己的东西。

19.2.2 和产品设计的争夺

产品设计原本不是一个独立的工种，起初是程序员自己兼着干。21 世纪初，随着互联网的迅猛发展，产品设计作为一个专门的细分行业横空出世了。但就是这么一个不经意的不起眼的行业细分，让程序员在上帝模式中退避三舍，这就值得我们好好聊聊了。

1. 上帝模式中的产品设计

在上帝模式中，还有一个很重要的模块刚才没有提到，因为它比较特殊，不涉及编程，但是其重要性不亚于任何代码的架构设计，这就是产品设计。

从事产品设计的人，即便不管人，也一般称为"产品经理"。如果程序员想当经理，那么转产品设计是个很好的途径，只要转过去，就变成了"经理"。

在多次和产品经理打交道的过程中，我对产品设计的重要性深有体会。我曾经遇到原有设计难以使用的情况，产品经理通过更改用户操作的流程，大大降低了难度。也遇到过本来挺简单的事，产品经理为了满足一个小需求而大大增加了难度，导致整个系统架构变得很复杂。

如今，很多程序员对产品设计者有着不同程度的误解。

首先，误解他们就是负责产品的界面设计的。

但情况远不止如此，你得懂交互吧？你得懂视觉吧？还得懂市场吧？拿产品经理自己的话来说：产品设计的首要职责是决策该做什么，不该做什么？要达到的指标是什么？如何拆分优先级并落地？上线后的效果跟进以及之后的迭代优化等。界面呢，只是最终的一个呈现。背后的逻辑和思考才是最耗时、最考验人的。

其次，误解他们的工作内容至少比编程更容易、更简单。

实际上不是这样的，他们更需要经验和灵感。初级程序员写出来的烂代码，只要能运行，用户是不知道的。但产品设计者一旦弄出一个糟糕的设计，其欠缺之处用户会一目了然，这是躲不掉的。

而且产品经理也要不断地去沟通和反复修改自己的设计，这不比程序员调试代码更容易。

2. 程序员和产品设计者的关系

自从产品经理这个角色诞生以来，他们和程序员的关系变得非常微妙。

在产品设计者的眼里，程序员就是将他们脑子里的设计化为实物的劳动力而已。程序员是受他们间接指挥的，每一个细节设计都是对程序员的命令。

产品设计者比程序员掌握更多的信息。产品或项目的规划进展以及其中各种幕后的曲折和妥协，程序员可能都无从知道。此外，产品设计者思考的角度也处于程序员的前面。例如，针对用户的需求，或者用户不知道自己有这方面的潜在需求，产品经理会首先将这些东西具体化，程序员得到的是最终的决定。

因此，产品经理和程序员在慢慢的长期博弈中，很自然就占领了主导权。随着产品经理这个角色的出现，他们实际上瓜分了相当一部分程序员处于上帝模式中的工作。反过来讲，这无形中让程序员把更多的精力放在木匠模式的工作中，同时也降低了资深程序员的价值。

这听起来着实让人沮丧，幸好事情还远没有到悲观的程度。

- 和 IT 相结合的行业是很广的，并不是每个行业都有必要请产品经理。实际上，很多产品设计还是由资深程序员兼任的。
- 对于上层的应用软件来讲，也就是对广大用户提供操作界面的程序，其产品设计是非常重要的，好的设计能让编程架构事半功倍。但软件领域也是很广的，并不是所有软件都是直接面向普通大众用户的。例如，在数据挖掘系统中，产品经理基本退化到"项目管理"的功能了，最主要的驱动力还是程序员自己。

而每个程序员也应该具有产品经理的思维。程序员作为第一手的用户，如果多花点心思去体验，理应对该产品有最深的理解。所以，如果发现界面设计的问题，应该勇于发表自己的看法。但请注意：**一定要站在用户体验的角度去和产品经理争论，这样才能占领制高点。**切不可直接站在实现难度的角度去争论，这是大忌讳！尤其是双方刚合作处于磨合期时，对方搞不清楚到底是真的实现困难，还是你技术能力不行。

如果有机会能够直接参与产品设计，那对开阔你的眼界极具好处。你对用户的需求理解得更深，获得的信息也更前沿。你知道哪些需求是妥协的结果，而这些妥协又是多么来之不易。你也更清楚哪些决定只是临时方案，将来可能剧烈变化。掌握完备的信息，会让你写出来的代码架构更能准确地拥抱变化。如果有机会参与产品设计，请你一定好好珍惜。

19.3   木匠模式：致富只有勤劳一条路

程序员在木匠模式下，处理的是最细节、最琐碎、最具体的实现，每行代码都一丝不苟地完成，还要确保它们没有 bug。我亲叔叔是个木匠，我亲眼看他做过很多精巧的木工活。说真的，我真不认为程序员在木匠模式下，干的活比木匠更高级。

在编程中，大多程序员大部分时候是做木匠，扮演上帝的时间其实挺少的。可见，木匠的工作效率对于当前整个项目的开发效率是决定性的。

虽然长期来看，上帝比木匠更重要。但每次轮到当下，木匠又比上帝更重要。

那么，如何才能成为一个高效的木匠呢？

中华民族 2000 年的历史告诉我们：想要致富，必须勤勤恳恳，没什么捷径可走。而程序员的木匠模式能力的积累，也是这样的，没有捷径可走。

随着互联网的普及，各种木匠模式的资料也得到极大发展，很多资料规整得更好，容易搜到，容易看懂。除非特别前沿的技术，否则针对一般具体问题，你都能比较容易地找到相关信息。尤其是开源代码的流行，更能直接帮助初学者去提高，去积累。所以，现在的初级程序员比前辈要幸福，上手更容易。

随着时代的发展，木匠模式的门槛越来越低，也意味着竞争压力也越大。虽然门槛低，容易学，但并不意味着做木匠很幸福。长期看，木匠很被动，因为他所积累的知识点，隔三差五可能被清零。针对这个特点，刚毕业的程序员会觉得很爽，因为刚毕业就和工作 10 年的人面对差不多一样的处境。而工作 10 年的人就觉得很受伤，经常被逼着反思要不要继续程序员生涯。本人在学习过程中一直有做笔记的习惯，如今翻开多年前密密麻麻的笔记，会发现很多在当年如获至宝的知识点，如今已被时间的长河洗刷得一文不值。而这些知识点毫无例外都是木匠的技能。程序员本来就很难积累什么社会人脉，唯一安慰的就是那些老相识的代码或框架，用久了也有感情的吧？一旦被废弃，难免让人伤感呀。

虽然木匠的知识点经常需要重头再来，但并不意味着每个程序员在木匠模式下的效率是差不多的。有经验的木匠和初级木匠的生产效率也可能有天壤之别，主要体现在以下 3 个方面。

- ❑ **熟练度**。同样一个小功能，做过的人几分钟就能搞定的事情，初学者要先学一阵才能上手。
- ❑ **是否容易陷入到细节**。初学者不知道往哪些方向去努力，甚至不知道去搜什么东西。如果没有得到及时有效的指导，会耽误大量时间。细节很重要啊，很多时候，你感觉就差最后一点点就大功告成，却被一个很小的细节挡住，无奈被吃掉了大量的时间。作为一个有经验的程序员，一定要避免陷入到细节！通常，如何以最小代价解决细节难题呢？能及时询问有经验的同事那最好，或者网上询问。但有时候没这么幸运，找遍全世界都没人帮你，此时有经验的程序员能更好地抗住压力。此时，你不妨将细节问题用显微镜再放大，变成细节一、细节二和细节三等，再逐一攻破。在不断地尝试中，即使有很多难点，它们也会变成纸老虎，问题能够水到渠成地得到解决。
- ❑ **对解决不了的细节，如何绕过去**。这个能力很重要。生命是宝贵的，很多时候我们要学会妥协。如果不能采用最完美的方案去实现或实现代价太大，不妨换个思路，用第二种甚至第三种方法解决问题也是好的。有经验的程序员懂得在适当的时机去妥协，选择其他方案。如果妥协过早，则会浪费探索、进步的机会，而且很可能下次还会遭遇同样困境。如果死磕过久，则会耗费生命。有经验的程序员，备选方案往往更多，也更靠谱。要知道有些东西是网上没法教的，更多的是依赖已有经验带来的灵感。

19.4　总结

上帝与木匠的关系的关系如下。

- ❑ 上帝能让木匠更好地完成工作，木匠的产出才是客户看得见摸得着的东西。
- ❑ 每个上帝都是木匠演化而成的，不可能存在没有做过木匠的上帝。
- ❑ 上帝模式是程序员对编程产生兴趣的源泉，很少有人是因为擅长木工活而钟情于编程。
- ❑ 上帝模式的水平决定你整体编程水平的上限；而木匠模式的水平能确保你当前的下限。
- ❑ 上帝的生存很优雅，虽然他的工作内容也在进化，但进化的时间轴要慢许多。木匠的使用工具进化很快，稍一懈怠，学习速度就可能赶不上新的变化。你必须认识到：一个程序员若想依靠纯技术而体面地度过漫长的中年危机，必须在上帝模式中有充足的积累。

19

第 20 章

程序员的技术成长——打怪升级之路

编程技能的成长之路就好比漫长的打怪升级之路，那么多苦涩的概念要理解，那么多新鲜的事物要及时掌握，所以在技术爬升的山坡上，辛苦指数自己最清楚。

俗话说得好：一分耕耘，一分收获。但付出和收获之间的这种线性关系，在现实生活中往往是曲线。你经常会感到这段时间付出太多，却收获甚少。有时候也会在不知不觉中，猛然发现进步了很多。

那么，如何在进阶的道路中尽量得到最快的进步呢？这是本章要讨论的内容。

20.1 技术成长三部曲

程序员每天都在不断爬坡。顶峰？那只是个传说。

编程需要的硬知识点很多。语言层面的知识，系统层面的知识，还有纷繁复杂的业务知识，这些都没有太多捷径可走。重要的差别可能是，有的人感兴趣，学得很带劲；有的人被迫学，则学得会痛苦。

每个人学习的方法不太一样，学习资源也不太一样。有的人可能身边有名师指点，弯路走得少；有的人可能只能自己死磕。所以，也没有什么太好的总结。总之，努力是根本，兴趣是保障。

但周期拉长点看，我认为还是有最佳途径的。图 20-1 是我总结的程序员成长三部曲。

- **受压积累期。**一开始你周围的人都比你强，你处在一个相对压抑的氛围中，这时你可以如饥似渴地快速学习很多东西。你周围的技术氛围很重要，不单单是指有人教你。有了良好的氛围，你很容易知道自己的不足。
- **释放潜能期。**之后换一个环境，周围人都比你差些，你一下子鹤立鸡群，这样你会得到一个释放期。在释放期，你的技术压力相对较小，会有很多想象不到的灵感喷涌而出，充分发挥你的潜力，对自己充分自信。同时作为一个团队的领导，你的视野、领导能力和沟通能力也会得到极大提高。因为一个程序员不能光想着编程本身，还必须或多或少地掌握其他软技能。这个时期，你能理解妥协是怎么产生的，协作是怎么进行的。这样对整个项目的理解会有一个全方位的提高。

☐ **成熟期**。如果你还想在技术上继续上一个台阶，应该再一次换一个环境，又来到强手如云的团队中。周围人都不比你弱，这时候你是作为一名强者和周围的强者一起合作，各项能力将继续融会贯通。其实很多天资饱满的人通过前两个阶段，水平已经很高了，也能充分满足公司和市场的需求，此时就没必要经历第三个阶段了。这里只是站在纯技术水平的角度去分析。

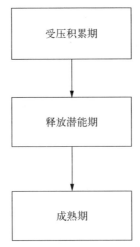

图 20-1　程序员成长三部曲

最后需要强调的是：这些环境的改变，并不意味着让你跳槽。很可能你把在同一个组里资历老的都熬走了，自己升组长，这当然也是环境变化。或者同一个公司内部之间，也有很多机会的。

20.2　码农都是好老师

对比别的圈子，程序员之间知识共享的氛围是非常良好的。在网络上，有无数热心的网友；在现实中，你极少会见到对你藏着掖着的同事，原因有很多。

首先，编程本身就是一件蛮有意思的事情。好比打游戏，他打通关了你不会，这正好是他对你秀实力的机会。

其次，藏着掖着，对他也没有好处，因为大家都是团队合作。你进度慢了，他日子自然不会好过。

既然周围很多人愿意当老师，那么你无须顾虑，一定要多多请教别人。当然，你的问题应该是仔细思考之后仍存在的问题。如果别人当着你的面打开搜索引擎，就帮你找到了答案，你应该感到脸红。

20.3　重视编程效率

良好的编程环境和编程习惯，能让你的效率大幅度提高。我的经验如下。

❑ **经验一**：编程的时候，最好有大段属于你自己的时间，这段时间内不会有邮件、电话等外界的打断。因为编程的时候是处理大量信息的时候。每一次打断，都需要将上下文信息重新压进大脑，代价很大，同时也会消耗你的意志力。

如果能有安静的环境，那更是如虎添翼了。如果周围没有嘈杂的声音，那么大脑会迅速进入状态，而且持久。有效编程的时间大幅度增加，编程效率会大幅度提高。

❑ **经验二**：找到自己的生物钟。我的体验是：每个人一天之内，能量是有起伏的。趁着在你身体特别舒适的时候编程，效率真的要高好多倍。所以当效率不佳，心理烦躁时，一个简单的逻辑也可能折腾你半天。

20.4　尽量通过工作去锻炼

如果你想学的东西正好工作用得到，那就边学边用，边用边练，这样的效率是很高的。让工作时间也能愉快地变成学习时间，也不用业余时间耗费宝贵的意志力去学（有理论说一个人一段时间内的意志力是有限的，这方面付出了，其他方面会相应减少）。这样成长起来会感觉不费劲，经常是不知不觉中完成了技术成长。

更关键的是：工作中遇到的需求场景就是实际的场景，通常是最宝贵的资料。对这种技术积累的自信，是自学成才的人比不了的。所以对于大部分天资一般的人，**你所经历的产品或项目将决定你技术水平的高度，业余学习决定你知识的宽度**。但是大家也要意识到每段工作内容的营养是不一样的。有的产品或项目好，不但提高你的技术，还提高你的视野，甚至自信。而有的产品或项目差，养分低，简直浪费人的生命。**你要明白社会上有很多脏活、累活，不光榨取你的时间，还让你得不到提升。站在职业素养的角度，我们可以暂时承担；但站在自身发展的角度，长此以往需要远离这些。**

接下来，让大家理清楚两个概念——产品和项目，进而围绕这对概念进行讨论。

大家工作中开发的软件，一般来说要么属于产品，要么属于项目。产品呢，是你开发的时候不清楚具体客户是谁，你只是针对一种通用的需求去开发软件；项目呢，客户是谁通常非常具体，你为客户的需求量身定制软件。有时候，这两者的界限也没法严格区分，它们偶尔也会相互转化。

❑ **产品项目化**：假如某个大公司采用了你的产品，要求定制很多独特的功能，为此你单独为该公司开发一个版本。

❑ **项目产品化**：公司接连为好几家客户开发了类似的项目，逐渐能找出很多共同的东西，进而形成一个产品。

那么，你所做的是产品还是项目，对你会有什么影响吗？我站在程序员的角度，总结如下。

❑ 产品周期长，这样你的团队人员也比较稳定，相处时间长；而项目周期相对比较短，项目结束后，下一个项目需要的人数往往需要调整，这样团队人员不是那么稳定。

❑ 产品持续迭代多，需要你架构和重构的能力比较高；项目迭代少，它更考验你的快速上手能力以及短时间内解决各种疑难杂症的能力。

❑ 除非是前沿公司的产品，一般来说产品所用的技术往往不是最前沿的技术。产品采用的技术相对保守，会慢一拍；而项目船小好调头，最新技术一般都能跟上。

❑ 产品考验你技术的深度；项目接触面广，会给你带来技术的广度。

❑ 产品和客户与市场的距离远，容易陷入到实验室思维不能自拔，可能最终竹篮打水一场空，上不了线被遗弃了；项目和客户与市场的距离近，一般由客户具体需求所驱动，它最终能被客户所用。

从纯技术提升的角度考虑，我有以下几点建议。

❑ **建议一**：对于刚入门的程序员，你最好能遇上一个能持续集成的产品，代码量大，开发和维护时间长。让你有足够的时间和空间沉浸进去成长。你会发现即便是轻轻松松地工作，技术也能不知不觉提升得非常快！这就好比学英语，平时在学校自学哑巴英语，很努力还是不及格。一旦把你扔进全英语环境，不知不觉就能好起来。相反，如果你的工作内容一直是打一枪换一个地方，做完一个又从头开始，工程的代码行数上不去的话，将会严重制约你对软件理论的理解。好比被三体里的智子锁住了，进步的体系陷入瓶颈难以自拔。

一旦能力上去了，最好有机会做一做项目。多接触各种领域的东西，让眼界提高，对你深入理解编程很有帮助。等知识面广了，又反过来做产品积累高度。

❑ **建议二**：当你做项目的时候，要用做产品的思维去做项目。不要把自己定位为普通的勤劳蚂蚁，光干不想。要时时考虑哪些共同的特性可以抽象为产品。

当你做产品的时候，要用做项目的节奏去做产品。做产品容易松懈，容易脱离客户，而这些都可以从做项目的经验中去弥补。最有名的经验当属敏捷开发，这肯定是从做项目中发展起来的，如今也流行到做产品中。

所以项目做精通了，能慢慢转为做咨询。咨询是啥？就是将项目精华提炼成为一套方法论，进而可以为更多的客户服务。

❑ **建议三**：一旦发现你所处的项目不能给你足够的养分，忙活半天自己还得不到有效的进步，你要意识到你正处于很尴尬的境地。你现在处于技术增长最不利的条件里，应该努力逃离。要知道纯靠业余自学，难度大很多，那需要充足的、本可用在其他地方的业余时间和强大的意志力。

所以借助于工作中的内容去提升技术，这是最好的途径。这里也希望，每个人都能遇到自己的好项目。不指望一辈子时时刻刻能遇到，但起码能在合适的时间遇到那么一两个，这对你意义非常重大。至于怎么争取到工作中这样的机会，每个人需要有自己的机遇。

20.5 三分之一的工匠精神

在实体制造业中,大到制造汽车、飞机,小到制造螺丝,大家都极其强调工匠精神,也就是精益求精的态度。在软件行业中,这种工匠精神并没有得到相应的重视,原因是多方面的。

最重要的原因是软件体系更新太快,你辛辛苦苦耕耘的代码很可能三五年后就变成了一堆烂代码,被丢弃了。你曾经辛辛苦苦对你的代码去雕刻优化,所得到与所付出的可能并不匹配。

那就不磨练了?当然不是。事物总是要一分为二地去看待。虽然你磨练当前代码,暂时因为代码升级,所得不明显。但是通过你的磨练,你的工匠精神所得的技巧会融入到下一次迭代开发中,从而提高将来的产品质量,同时也使得你的自身实力不断地提高。

可是,软件行业毕竟不是实业。软件的进化速度是非常快的。在飞快的迭代和激烈的市场竞争中,对每行代码都精益求精是不现实的。如果还像制造飞机零件那样,每个细节均反复揣摩,可能没等你上线呢,别人下一代产品就出来了。所以,哪怕立志精益求精,你也要学会接受不完美的存在。

我这里就提出"三分之一的工匠精神"的理论,是指拥有实业中工匠精神的三分之一,既不是完全放任质量,也不求处处精益求精,方能达到内外一个良好的平衡。

20.6 明白架构师的含义

如果你工作了 10 年,哪怕不是架构师,也应该具备架构师的能力。编程技巧其实也没那么多,10 年足够了。

那么,作为一名架构师,意味着什么呢?我想应该分为管理代码和管理人两方面。

首先谈谈管理代码。作为一名架构师,你掌握的信息也是最丰富的,需要当仁不让地站在更高的视角去分析代码。大的方面,你要做技术选型和架构设计;小的方面,比如抽出公用模块以提高代码复用率,看看哪些模块需要及时解耦以适应未来的需求等。

其次,再谈谈对人的管理。作为架构师,先对代码架构进行模块划分,实现了模块连接。然后让每一个人去填充你的子模块,此时如何分配任务理所当然就落在你的身上,因为别人不一定充分理解你的架构。所以,架构师自然而然地会涉及对人的管理,乃至对人的培养以及对项目的管理。

20.7 总结

每个人的特质是不一样的,每个人擅长的能力也是不一样的。程序员需要具备的能力,大概如下:

❑ 逻辑推理能力

- ❏ 快速学习并上手的能力
- ❏ 架构能力，包括提炼和总结的能力
- ❏ 定位 bug 的破案能力
- ❏ 沟通能力，包括英语能力

大家看看上面的清单，再问问自己。无论自己多么有天赋，一定是弱于某种，而老天爷也一定让你擅长某种。短板过短，当然会限制你整体的高度。长板不够长，会让你平庸无奇。所以要先读懂自己，再扬长避短。这是每个人都长期坚持的策略。对此，我的意见是：

弥补短板比扩充长板更难，随着年龄的增长，只会变得越来越难。弥补短板要趁早，越年轻的时候，越要注重短板的弥补。而只要努力，你的长板往往会更长。年纪越往上，侧重点越应该在长板，让自己的长板得到释放，得到发挥。

20

第 21 章

语言到底哪种好——
究竟谁是屠龙刀

21

在程序员的江湖里，存在一种特殊的嘴仗。每当讨论哪种编程语言好，这是最容易引发程序员"口水战争"的时刻。

外行人一般不太理解程序员为什么在这点要如此较真，我打个比方，估计大家就能理解了：投入哪种语言，就好比和哪种美女谈恋爱。相比在现实生活中，我们比较少和别人攀比谁的女朋友更漂亮。那是因为人的长相千差万别，各入法眼，不好参照。如果全世界的女人就是十几种标准模样，只能在这十几种模样里选，我相信男人们一定会天天讨论哪种模样最好看。

既然都在同一行里混，为啥观念会相差这么大？

本章将把和多种语言相关的话题，好好捋一捋。

21.1　军队的背后是国家实力的较量

语言的背后是系统和平台的竞争。一种语言好比是一支军队，而运行的系统和平台好比是国家。生态环境好，则代表这个国家实力强劲。国家会给支持它的军队提供特制的武器，也就是平台下独有的类库。例如，C++ 语言分别应用在 Unix 和 Windows 系统上，调用的类库是很不一样的。语言只是工具，你要解决的问题是由所在系统和业务需求共同决定的。

渐渐地，有些军队进化成了雇佣兵的角色。他们不局限于为某个国家效力，哪个国家给钱，他们就去哪里帮忙，而且能做到武器自备，所以针对各平台上的类库是统一的！这种角色在丛林竞争的时代相当滋润，最典型的是 Java，哪个领域都能有它的身影。有些是皇家卫队的角色，例如 C#，尽管深得微软宠爱，但 Windows 面临沉沦，他们的日子就不太好过。

所以，语言竞争本身只是表面的军队打仗，而背后是国家之间综合实力的较量。

21.2　专一和多情哪个好

程序员对编程语言到底应该专一还是多情？

有的人认为坚持使用一门语言 10 年，那自然是高手了，成为了资深人士，这样不愁自己没有竞争力。相反你今天学 C 语言，明天学 Java，哪样都不精通，所以长期来看专一比多情更有优势。也有人认为语言仅仅是工具，不在乎用什么语言，而在乎你解决了什么问题。你遇到了什么样的问题，采取最适合的语言去解决。所以多情比专一更有优势。

好像都挺有道理，但毕竟结论是截然相反的，那么哪一种更正确呢？为了回答这个问题，我们先从其他问题切入。

21.2.1　切换语言的成本到底有多大

换一门语言，好比你打乒乓球从直拍选手换成了横拍选手。虽然球运行的原理还是一样的，但打起来确实很别扭。长期来看，你的水平还是由自身实力决定的，但短期内你的水平确实会被新型球拍所制约。

有的人切换一门语言，会极不适应，心情也不好，效率很低。有的人觉得还好，学新语言和新知识很开心。这很可能和切换的语言种类有关系，前者很可能是从 Java 切换到 C++，后者更像是从 C++ 切换到 Java 之类。所以不同的语言，切换的成本确实会不一样。但不代表没有答案：如果实现相同的代码逻辑，平均下来，你用一门生疏的编程语言与用一门熟练的语言，效率差距大概在 30%。

还有一个巨大且隐含的切换成本。例如，做 C# 开发的主要集中在传统 Windows 桌面编程领域，互联网和移动互联网的机会少得可怜。做 C++ 开发的，基本上沦为黑暗的底层代码了，看不到用户界面的那种。做 Objective-C 开发的那肯定是移动互联网行业，对应 iOS 系统。虽然语言本身可以运用到更广阔的天地，但随着激烈的市场竞争，每种语言都必须运用在自己最擅长的应用场景才能生存，所以现实情况是能生存的语言基本被特定领域绑定了。

也就是说，**你切换了一门语言，很可能也切换了你熟悉的平台和系统**。这就不仅是直拍选手换成了横拍选手了，而是从乒乓球运动员变成网球运动员了，那球的原理都不一样了。

当我从 C# 换到 Objective-C 的时候，感觉确实难度很大。诚然 Objective-C 是一门难度比较大的语言，但更多的原因是平台变了，不但软件运行的平台变了，你的工作平台也变了，彻底和 Windows 系统没关系了。后来从 Objective-C 换到 Swift 语言，就是轻松加愉快了。因为仅仅是前端语言的变化，你所在的平台以及所连的类库，都没有变化。

21.2.2　海、陆、空齐备最好

需要掌握多种语言吗？

我认为是需要的。估计以前不需要，但现在时代不一样了，变化太快。你一辈子想靠一种语言吃饭，已是越来越难了。很可能你坚持到最后发现，你坚持的东西，尤其是背后的系统和平台，是走向没落的东西。

所以还是多学几门语言好，但也不是随便哪些语言的组合都合算。

上面已经说过了，学一门新语言是需要隐式成本的，所以需要挑选。我的建议是应用领域相同的语言，最好只学一种：

❑ Java 你学了，C# 你也学，则没有必要；

❑ Python 学了，Perl 你也学，这真的没有必要；

❑ Objective-C 和 Swift，最好只学 Swift。

例如，你学了 C 或者 C++，然后学 Java，再学 Python，我觉得这种搭配就很好。毕竟对应着不同层次的平台，好比海军、陆军、空军都具备了。

接触的系统和平台不一样，如此学下来你的知识面会广很多。这意味着你的机会能多很多。现在热点一个一个地出，我们很难把握新的热点需要什么语言，这比预测股票还难。但是如果你掌握了海、陆、空多个兵种，那么无论热点在哪里，你至少都能第一时间切入进去，进而熟悉热点背后的系统和平台。这是比较容易实现的步骤。

将周期拉宽几十年来看，这个答案就更合理了。因为你一辈子要工作近 40 年啊，真的没有必要限定自己的领域，不可能 40 年只做前端或只做后台吧，多乏味啊。

如今的招聘市场，会强行给程序员冠以限定词："Java 程序员""Python 程序员"，好像招的是不同工种似的。很多 HR 和猎头更是直接以语言为关键词过滤简历。

我本人很反感这种行业里强加给程序员的标签，这无形中夸大了程序员切换语言和平台的难度。当然我也对公司的行为表示理解。因为有些创业公司可能活不过一两年，还没等你熟悉新语言，公司就倒闭了，所以他们特别看重你前三个月的产出，这是可以理解的。

大公司本不应该如此，但国内已经变大、变强的公司，很多也这么做，为啥呢？那是因为和市场策略有关：虽然处于大公司，但是我这个部门面对的竞争也很激烈，没有快速产出，该部门估计很快要被解散，和小公司没啥两样。

形成鲜明对比的是，国外的主流公司非常强调我不在乎你用什么语言，我在乎的是你编程能力。这里有文化差距，也有市场差别。

最后来回答开始的问题："专一好还是多情好？"我认为最好的答案是：**有选择的多情是最好的**。

21.3   如何快速学习一门新语言

每一种语言好比是一条跑道。跑道和跑道的性质不一样，有的是塑胶跑道，有的是泥泞跑道，有的是跨栏跑道，需要的技能不太一样。你最好掌握几种不同类型跑道的技能。你的学习能力是跑步的速度。你切换跑道，意味着要付出在新跑道重新开始的代价。如果你跑步速度够快，赛过博尔特，来回切换跑道肯定都能追上去。那么，如何能够加快奔跑速度呢？

这里介绍一下如何快速掌握一门新语言。

本人陆陆续续也学过多门语言（这也不是什么自豪的事，只能说明技术道路充满坎坷），对如何快速掌握一门语言也积累了很多经验。下面列举几个快速学习一门语言的诀窍。

21.3.1　边学边练

有些人喜欢买一本大而全的教材，然后把该语言涉及的东西都看一遍，才开始实际操作。这个过程是错误的，切记不要按照教材里铺地毯的思路去学。

编程是极具实践性的技能，一定要在实践中学习。 因为从了解理论到实践掌握，这中间的距离往往超乎大家的预判，而在实践中学习能大大缩短其中的距离。好比学打球，看了视频的正规动作，自己是一定要上手边学边练的，而无须把所有动作都研究一遍之后才开始练。

21.3.2　抓住该语言的主要特性去学

每种语言的特性肯定是有区别的，否则就不会有这么多种语言存在了。我们就围绕最紧要的点去学。

例如，除了脚本语言，众多编译型语言的一个核心特性就是如何进行内存管理：

❏ Java 和 C# 可以在运行时层面实现全自动管理；
❏ Objective-C、Swift 和 C++ 可以在编译器层面实现半自动管理；
❏ C 语言还得全手动管理。

然后自己带着问题去分析一些通用技术支不支持，或以什么方式支持，或支持到什么程度？**学习一门新语言的新特性，你应该想着这些新特性能为你带来什么便利，而不是老想着怎么这么多新概念，越学越头晕。** 举例如下。

❏ 面向对象的思想，该语言是怎么支持的？
❏ 有哪些特别的核心概念？
❏ 核心类库都有啥？
❏ 多线程的同步和异步的场景，是怎么支持的？
❏ 函数式编程支持到了什么程度？

这样直接抓住最核心的点去深入研究问题，掌握一门语言的效率会很高。

21.4　总结

琢磨哪种语言是屠龙刀的意义其实不大，因为**大家最好的选择是多掌握几门不同层次的语言。**

能接触不同的语言，意味着你接触的系统和平台也不尽相同，这样既能大大拓展你的眼界和思路，你也更能适应这个越变越快的市场环境。

21

第 22 章

程序员的组织生产——让大家更高效和亲密

如今，每个项目都是众多程序员高度脑力合作的结晶，单打独斗的几乎没有了。或许是自我感觉良好，我一直认为程序员之间的编程合作是人类团队合作最巅峰的表现形式。

下面列举的和程序员日常开发相关的合作形式并不是来自官方的介绍，而是从一个普通程序员的角度看到的和感受到的东西。

22.1　敏捷开发：及时反馈，小步快跑

敏捷开发从最初的星星之火变成了现在的燎原之势，如今几乎所有的公司都采用敏捷开发。对于敏捷开发，我的总结如下。

- ❏ 让客户及早介入反馈。
- ❏ 多次迭代，小步快跑，强调重构。
- ❏ 强化沟通，淡化文档。每日进行敏捷会议。
- ❏ 任务看板。自己挑选任务以及预设每个任务的时间。
- ❏ 及时更新每个任务的完成状态。通过整体进度图，方便管理者掌握整个项目进度。
- ❏ 充分测试。
- ❏ 回顾和总结。

因为敏捷开发已经不是小众了，而且网络资料也很多，所以这里不打算介绍怎么去进行敏捷开发，而是谈谈我自己对敏捷开发的体会。从最初对敏捷开发的好奇，到逐渐地参与和领导，渐渐对这套东西有了自己的理解。和新入行的程序员不同，我刚参加工作时并不流行敏捷开发，此后经历了对敏捷开发从陌生到熟悉的过程，所以能通过对比产生更多的感悟。

站在一个普通程序员的角度，我切换到敏捷开发模式后，最初的感觉是：变忙了，变累了！因为每天都要进行敏捷会议。团队的每个人都要站着围一圈，讲一讲自己前一天干了什么，遇到了什么问题。这样就逼着你自己赶紧把这天的任务干好，不然明天就在众目睽睽之下没什么干货说出口。程序员都是很要脸面的，这样无形之中让大家互相监督，把压力加在了每个人身上。且

压力是隐含的，是自愿承担的。所以这一招非常好用，而且只有优点，没有任何缺点。这也是领导想要的。

其次的感受是：协作过程变得有趣了点。因为没想到还可以自己去挑选自己喜欢的任务进行开发，感觉自己的自由度更大了。虽然实际上你所能挑选的活只能是你主要负责的模块或沾边的，所以没有你想象得自由度那么高，但给你的心理感受是不一样的，像是为自己干活一样。所以这招的设定也非常好，也几乎看不到任何缺点。

随着时间的深入，理解的也更多。我理解到敏捷开发的精髓，其实就是两点。

- ❑ 让客户及早介入，就能避免整个项目走弯路，能提前从误区中走出来。
- ❑ 多次迭代，小步快跑，这正是实现第一点最有效的方式。客户一旦提出异议，你可以在下一个迭代中迅速更正。这当然需要极强的重构能力，所以**最初的敏捷开发，是要求团队里的每一个人都有独当一面的能力**。

因此，我认为"能和客户持续沟通""多次迭代""优秀的团队"这三者均具备，才是最正统的敏捷开发。但各个公司的项目内容和协作环境肯定不一样。随着敏捷开发的普及，我认为这些年敏捷开发慢慢出现了很多变种。

- ❑ **变种一**：敏捷开发原本最适合于那种需求不确定的项目，这样灵活多变的优势能充分发挥出来。但有些传统软件，树大根深，它的需求一般是比较容易把握的。但这些公司也照样采用敏捷开发，因为他们看到敏捷开发的其他部分：敏捷会议，任务看板，回顾总结，这些元素任何场合都可以用。于是它们也戴上了敏捷开发的帽子。
- ❑ **变种二**：有些公司的产品由于各种原因，不能被最终的客户提前看到，更别说反馈。此时敏捷开发的灵活意义就已经失去了一大半。于是这种情况就由领导充当最终的用户，给予反馈。所以，这是面向领导的敏捷，并不是面向最终用户的敏捷。
- ❑ **变种三**：不断地变更需求，就意味着不断地重构。这需要极强的重构和架构能力，所以最初的敏捷开发中，要求团队里的每一个人都能独当一面，是能迅速重构最好的保证。那么矛盾来了：大量公司由于待遇一般，一个团队里没有那么多独当一面的人，牛人和菜鸟相互搭配才是最普遍的团队形式，该怎么办呢？

  这种情况下，往往任务分配就不是自由选择了。菜鸟往往听命于牛人的分配指挥。
- ❑ **变种四**：敏捷开发适合于交付压力比较大的项目。但有的公司节奏比较慢，也采用敏捷开发，也一个一个迭代。其实它最主要的目的是为了让领导看到整体进度图，了解整个项目进展，此时用不用敏捷开发没有本质区别。

在敏捷开发的世界里，支持敏捷开发的工具也越来越多了。围绕着流程的各个步骤，都有工具出来。比如需求管理、任务看板和回顾总结等，都不断有新奇工具出现，或多或少地提高了大家的效率。

但是大家不要认为这些工具才是敏捷，其后面流程所代表的含义才是敏捷。

22

最后，我想说，敏捷的外延含义越来越大，大家从最初的流程管理概念慢慢过度到每个人对敏捷的态度和认识上。渐渐地，敏捷从一门具体的管理技术演变成一个团队文化。

22.2　双人编程：双人搭配，干活超累

双人编程也叫结对编程，这也是一项很有意思的体验。

起初，仅仅听闻双人编程的时候，很不理解。这似乎是一个奇怪的场景：明明两个人，却共享同一台计算机，同一个显示器，同一个键盘。这不是明显损失了一半的战斗力吗？

而当我实践的时候才发现，真的有奇效。因为编程是高频率的脑力思维的攀爬。脑子里构建的思绪好比是蜜蜂采的蜜，是最宝贵的财富。但是脑子里的思绪在还没有映射为代码之前，很容易消失。而思绪的凭空消失确实是程序员编程效率的最大敌人。思绪飘走的因素会有很多，不好把握。所以一个人往往在周围一片寂静的时候，编程效率最高，因为这时候思绪最容易集中。

双人编程的一个最大好处就是，互相让对方思绪集中。因为一个同事始终和你交谈，这样能有效地阻止思绪飘走。一个人编程，一旦打个哈欠，肯定要轻松一下，那宝贵的思绪便飘得无影无踪；但双人编程，某个人打个哈欠，哪怕眼泪流出来，肯定还要强忍着保持思考，跟上对方的节奏。所以，几个小时下来，双方用同一台计算机的工作量，比两个人单独开发的工作量往往要更高。

双人编程除了效率高，还有两个隐含的好处。

❑ 两个人的信息进行深度交流，消除两人之间的信息壁垒，能够有效地相互备份。
❑ 写出来的代码质量普遍比较高，能省去不少代码评审的时间。

不过，能进行双人编程，还有一个重要的前提，那就是双方的水平不能相差太大，这样双方的思维速度能在同一水平线上。如果双方水平相差太大，那么合起来的效果等于较强的那个人，就白白损失了较弱那个人的战斗力。

尽管我很认同这个 1+1>2 的故事，但我自己还是不愿意经常性地双人编程。原因很简单：累啊。单位时间内，脑力劳动强度太大。因为大脑是需要休息的，思绪的飘走说不定也是大脑需要休息的表现。人类跑马拉松可以跑 4 个小时不停，但以百米速度跑一分钟谁都够呛，其实这都是一个道理。

22.3　封闭开发：并不是蹲大狱

如今，尤其在互联网行业，封闭开发并不是一个陌生的词汇。

比如项目进入到了攻坚阶段，交付压力大，于是把大家集中到郊区的某个大房子里。封闭一个月。编程、吃饭、睡觉、锻炼身体，但没有娱乐活动。

封闭开发有效果吗？确实有效果，而且效率还很高。但是代价是完全没有了私人生活，暂时

充当"狱工"，身体和心理健康也会有一定影响。

在过去，工厂里工人是最辛苦的。其他职员的岗位肯定比工人更体面。但如今程序员是高脑力的劳动，所以地位相比过去的普通生产工人直线上升。程序员也拥有较高的工资待遇，工作环境也和其他岗位的人一样好。

封闭开发则撕破了程序员遮羞布。提醒程序员，你的地位还是最底层的工人，只不过工资高了些，工作环境好了些。同一个公司其他岗位的人，比如人力、财务、法务和销售等，他们再忙再累，也不会封闭一个月去工作，因为没有必要。

归根结底，程序员还是靠出卖自己的直接生产力获得报酬的一个工作岗位。虽然写出的代码摸不着，但我也一直认为编程其实也算是某种制造业。

22.4　总结

每个公司都想找到成本最低、产出最高的生产方式。但标准不是绝对的，适合别人的不一定适合你。这和方方面面的因素相关，比如公司的工作环境、行业背景以及程序员的素质高低等。生产方式不适合，折腾得大家都委屈；适合了，大家的效率自然就提高了。

22

第 23 章

程序员的职业生涯——选择比努力更重要

23

从 20 多岁参加工作到 60 多岁退休，正常来讲，我们一辈子大概要工作漫长的 40 年。和我们上一辈几十年如一日的状态不同，我们这一代每隔两三年，周围环境就会更新换代一次，所以 40 年对我们的含义与对上一辈是不一样的。而用不同的方式去过，结果也有天壤之别。本章并不是贩卖焦虑，而是真诚分享一下本人对这个问题的思考。

23.1 程序员到底能干多久

"程序员就是吃青春饭"这句话应该流行很多年了。所以"程序员到底能干多久？"这个问题，每个程序员都应该想过。有的人对此嗤之以鼻，有的人深信不疑。因为每个人的个体差异很大，身体情况不一样，性格也不一样，自然每个人的答案也不一样。

尤其在中国，情况要更复杂一些。

- ❑ 首先，程序员分散在各种行业、各种公司的。而在中国，不同行业、不同公司的工作强度差异非常大。一般来讲，民企的工作强度最高，而国企、事业单位、外企相对轻松些（也不绝对）。通常来讲，工作强度越高的程序员，职业生涯的长度估计越短。
- ❑ 其次，中国的第一代程序员还远没有到退休的年龄，没有参照物好比较。
- ❑ 再者，第一、二代程序员工作到 35 岁后，市场又有了足够的领导岗位提供给他们，基本都脱离程序员岗位了。所以给人们一个危险信号：程序员老了，不升领导就干不下去了。

因此，对于这个问题的答案，我们这一代人都有盲人摸象的感觉，都在猜测。

我个人认为：在中国，程序员的职业生涯会比大家想得要长，至少不可能是 35 岁或者 40 岁。但能不能长到正常退休，也确实是需要打问号的。

我这么认为，主要基于以下两点原因。

- ❑ 我接触过不少国外的老年程序员，60 多岁马上就退休了或者退休返聘回来。他们的打字速度已经不快了，但思维依旧敏捷，还能保持着对最前沿知识的渴望。就这样很安静地写了一辈子代码，很值得钦佩。所以纯粹编码是能够干到老的，国外早有人这么干过。

❑ 国外能提供老年人从事编码需要的宽容和较轻松的工作环境。中国将来有没有足够宽容的环境，提供足够宽容的岗位，现在还不得而知。

有些人总想着前期多挣钱，过了 40 岁或 50 岁就不工作了。这个也不太现实，人归根结底还是要跟着环境走的。假如你奋斗到了 40 岁或更久，你所有的人脉都在这里，你的生活、记忆全在这个圈子里。一旦退出，会给你的生活留下一个巨大的真空，如果没有对应的东西填满，相信那也不是你想要的生活。所以你指望到时候主动退出工作，也只能是基于童话情节的想象，不能当真。其实，**最好的职业规划是不要以退休为终点，因为退休之后你的人生还很长。要以一辈子为终点**，这种思维更开阔。

23.2　程序员的中年危机

有些事情，该来的总会来，早晚问题，而中年危机对程序员来说就是其中之一。那什么是程序员的中年危机，我想如果有如下标志性事件发生，中年危机应该算向你招手了。

❑ 你的直线技术领导（非人事领导）年龄小于你，且技术强于你。

❑ 你的技术积累相对陈旧甚至慢慢过时，而你技术转型的速度却渐渐跟不上公司转型的需要。

❑ 薪资倒挂。首先是在整个行业里，越来越多的年轻人慢慢超过你；后来会发生在自己的公司，也被年轻人超越。

❑ 跳槽难度极速加大，快到让你反应不过来。这和大龄剩女的危机有点像，过了一个年龄阈值，危机迅猛来临，而且来的速度超过你想象。跳槽时，年龄直接受到 HR 的歧视，简历会被筛选出去；会受到面试你的程序员间接歧视，尤其是年龄比你小的程序员。假如你工作了 12 年，而面试你的是一个工作 8 年的年轻小伙，他对你最近几年的技术成长照样会是线性的期盼。就是说，假如你工作了 4 年，技术水平达到了 40 分；工作 8 年，通过更加努力，技术到了 80 分，还能保持线性增长。但此后你很难再线性增长了，而是曲线性地缓慢增长。但面试官可能会不理解：大哥，你都工作 12 年了好不好？怎么才 90 分，和我差不多呢？应该 120 分才对呀。

❑ 一旦被裁员，只能找到一份低于现有待遇的工作。而生活中，由于有房贷还要养小孩甚至老人，你的收入必须每月保证达到一个相对的底线，没法从头再来，也就是生活弹性被锁住了。

中年危机只能缓解，不能根除，是留给每个普通人的考验。这里写出来，让大家提前预热下也挺好。

接下来，我想谈谈程序员的职业生涯，设计了几个问题闯关游戏。

23.3   自问一：你适不适合当程序员

问题一：你是否对编程有足够的热情？

如果你对编程有足够的热情，而且有自信能燃烧很多年，那本章接下来的内容可以不用看了。你就踏踏实实朝着目标前进，做个简单快乐的人即可。

问题二：你是否有强大的逻辑推导能力？

逻辑推导能力太重要了。编程很关键的工作就是逻辑推导，通过代码反映出来而已。

"如果是，那么就……"

"如果不是，否则我也……"

"如果他也不是，那我可能会……"

"他干完，我才干"

"他们有一个没干完，我都不去干"

诸如此类，如果这样的逻辑装在你脑袋里很费劲，你就不适合当程序员。

问题三：你是否耐得住寂寞？

程序员要耐得住寂寞！试想一下：当夜深人静的时候，你灵感爆棚，瞬间解决了一个大问题。而这个问题如果不是你突然的神来之笔，可能要花费很多人无数时间都解决不了，但你就这么神奇地解决了。你像解决了哥德巴赫猜想一样兴奋，左右张望期盼和他人一起分享你的精彩故事，然而周围却没有人，一个人都没有。你只好继续你的编程……

编程过程中，大量精彩的故事就这样淹没在程序员的脑海里，无从分享。

尽管程序员的交流能力很重要，但程序员相比其他岗位与人交流的工作比较少。他们相当一部分是和代码或文档交流，或者通过代码与人交流。就好比两个围棋选手下了一天的围棋，没有说话，但他们一直在交流，他们称为"手谈"——用手交谈，但与人交流是两回事。

如果你的内心渴望与人交流，而且擅长交流，但现实中却长期和代码打交道，肯定容易寂寞。两股力量的纠结迟早会造成你内心火山的喷发。

所以，你要问自己：你耐得住寂寞吗？

当然，毕竟人的内心是很难把握的，内心也是善变的。说不定你程序员干久了，内心跟着环境变了，学会了享受这种孤独。

问题四：你是否坚持得住长期学习？

这个问题是最难回答的。因为很少有人知道自己 5 年后的状态。我见过很多学生时代很努力，工作后却不努力的；也有不少学生时代挺懒的，工作后却异常努力的；还有很多一直平稳努力的。

程序员是必须坚持长期学习的。因为技术的进步日新月异，你会眼睁睁地看着很多珍藏的传家宝般的技术和经验被淘汰。只是有的淘汰得快，有的淘汰得慢而已。你一定要做好这样的心理准备。

这种现象的根本原因其实也要归功于码农自己。因为一小拨顶级码农，会经常研发出新的**语言、新的框架、新的系统和新的平台，以适应新的市场需求。但这同时也会不断地革普通码农的命**。

搞技术的，尤其是搞编程的，不管你工作是否轻松，如果你想持续发展，就必须把大量的业余时间搭进去，投入到海量的知识中学习。我记得在之前一家公司参加新员工培训时，HR 对我们说：你们搞技术的，真正拉开差距的，是工作之外的时间。我当时觉得他说得非常对，很受鼓舞，受用至今。

如果上面 3 个问题都是肯定的回答，说明你适合当程序员，而且肯定是合格的程序员：

```
//　如果你的答案是你适合当程序员，请接着看自问二。否则，直接跳过看自问四
if(你的答案 == "你适合当程序员") {
    顺序阅读自问二：程序员是否适合你；
}
else{
    跳过二，阅读自问四：程序员适合转什么行；
}
```

23.4　自问二：程序员是否最适合你

你适合当程序员没错，可有没有想过程序员是否最适合你呢？要知道任何选择都是有机会成本的，那你选择当程序员的机会成本有多大呢？

据我观察，我身边有些优秀的程序员，在编程方面确实很优秀，但他在其他方面的表现更优秀。可以推断，他依然属于机会成本过大的那种，程序员很可能不是最适合他的选择。

相反，有的程序员虽然表现一般，但程序员的生存环境反而是他最好的选择。

所以，无论的你表现是否优秀，这个问题都适合问问自己。

再插播个问题：女生适合当程序员吗？

只要你自己觉得适合当，那就是完全没有问题的。最顶尖的一些岗位，受社会、家庭以及身体因素的影响女生确实很难冲上去，这个也要承认。但胜任其他层次的广大的就业岗位是完全没有问题的：

```
if(你的答案 == "程序员也最适合你") {
    顺序阅读自问三：问问自己有没有双门槛；
}
else
    跳过自问三，阅读自问四：程序员最适合转什么行；
```

23

23.5　自问三：问问自己有没有双门槛

人生的道路越往前走，越发现别人的道路难以复制，因为门槛越来越高。

因此，每个人在职场打拼的同时，需要不断积累自己的门槛。但是要注意门槛的质量：有的门槛看起来不起眼，但是坚固且高；有的门槛看起来很靓丽，但是被大风一吹就倒。

如果你是一名程序员，那么你的门槛是什么？你多半会回答：当然是编程能力啊！有了强大的编程能力，到哪里都不怕。这个答案当然对，却不全面。仅精通编程是不够的，如果把一个门槛比喻成一条腿，那意味着你仅在用单腿蹦跶前进。而日子滋润的程序员，懂得用两条腿走路，轻松加愉快。

接下来，分为两个问题讨论：

- □ 什么能成为另一个门槛？
- □ 如何找到自己的另一个门槛？

问题一：什么能成为另一个门槛？

一般来说，大部分程序员最容易看得见的是，将当前项目所需要的业务当成自己的门槛。但是时间一长，你会发现往往不能如愿，原因有两个。

- □ 因为程序员将业务转化为代码有一个再加工的过程，而且这个过程非常专业，会将大量业务的概念映射到代码的概念。也就是说，程序员哪怕对这个领域非常熟悉，他理解业务的角度和纯粹的业务人员的角度也是不一样的。
- □ 业务这个东西时间一长，可能会变。你可能换一个项目，所经历的业务知识全部清零。

基于这些原因，很多金融行业的程序员眼红金融，试图转金融业务却并不成功。

所以，经常将业务知识清零不能成为门槛。能成为门槛，首先的要素是徐徐变化的、有累积的知识体系；其次是有学习壁垒的。

比如，互联网 HTTP 协议，几十年前算是有壁垒，因为没几个人有计算机，更别谈能连上网。但如今 HTTP 协议，大家随便搜搜就会了。什么算门槛呢？比如搜索技术就是有门槛。你可能会问：现在搜索技术也很成熟，我完全能通过网上学习啊。但搜索技术的真正高手曾经处理过几百亿条数据，他了解各种坑，他搭建的系统值得信赖。否则，搭建起来的只能算玩具，根本不可靠。因此，背后真正的门槛是那几百亿条数据！

总之，徐徐变化能积累而且有学习壁垒的知识体系，基本就能算是门槛了。但这还不够，我们还需要区分什么是好门槛，什么是坏门槛。门槛还有好坏之分？是的。比如很多公司拥有自己的垄断地位，会产生各种特奇怪的系统（硬件和软件都有）。对于这些系统，不进公司学个三五年，确实不会懂。但由于这些系统就是该公司独有，别人都没有，会导致你和该公司绑定得死死的。公司自然不会主动裁你，但公司也知道你也没别的地方去。这种门槛，不能算什么好事。就连刚提到的搜索技术也有类似风险，一旦垄断造成需求减少（或者产业夕阳化，比如通信），这种门槛就可能变成马奇诺防线，无用武之地。

此外，还有很多软技能也能算是门槛。比如，我坚强的学习意志是门槛；我善于交流是门槛；英文好也能算是一种重要的软门槛，英语虽然没有学习门槛，但是需要多年的坚持或者国外的环境，一般人也具备不了。软门槛的特点和硬门槛不冲突，多多益善。也就是说，你完全可以成为拥有多条腿走路的怪物。

问题二：如何找到自己的另一个门槛？

既然是门槛，那就意味着它不是那么容易获得的，否则就不是门槛了。实际情况是：大家求职这些门槛职位时，往往因为你没有这个门槛而不让你进。让人陷入先有鸡还是先有蛋的困局。我的总结一般有 3 个途径。

- ❑ 途径一：因为机缘巧合。比如公司为了适应市场潮流，往大数据和人工智能转型。于是你什么都不用改变，顺势美滋滋地拥有了另一个门槛。
- ❑ 途径二：机缘并不是每个人都有，这时候你需要将已有的那条路练习得足够强壮，能够单腿跳过另一个门槛。也就是说，你可以将自己的编程技术练习得足够牛，这样你去哪个行业面试，只要年龄不算大，大家还是愿意给你机会的。

  这里要提一提程序员所处行业的特殊之处：如今各行各业都在信息化，所以程序员是分散在各个行业之中的，比如身处互联网行业、通信行业、金融行业、游戏行业、石油行业和航空行业等。也就是说，你和别的专业的人不一样，你可能会处于各种行业。外行经常羡慕程序员可以在各种行业间来回切换，一会到了互联网行业，一会又到了金融行业，这当然是程序员的优势。借助这个优势，你可以不断地跳到更朝阳的行业中，避免或延缓被淘汰的危机。

- ❑ 途径三：付出存量代价。如果你真的看好某个门槛而不得的话，就以应届生的姿态去求职，工资要低点。或者加入创业团队，从而变得劳碌不稳定。如果你的存量代价不太大，考虑考虑也无妨。咬咬牙，抹抹泪，放长线钓大鱼嘛。

最后，希望大家找到自己的另一个门槛，让你的潜在竞争对手只能干瞪眼。它需要机缘和运气，也需要你时刻准备着。

23.6　自问四：程序员最适合转什么行

什么？一本向程序员介绍如何编程的书里要介绍大家怎么转行？汗！但本书本着能在你书架上珍藏 10 年甚至 20 年的目标，所以适当替你考虑多年以后的需求也不为过。

要知道，如果不适合做程序员，硬抗着做一辈子，那还是很痛苦的。其实，很多和程序员相近的岗位是很需要程序员的，只是很多程序员不知道而已。如果你能就地直接升职为领导，那最好不过了，否则多了解一些选择，内心也能多些安全感。

23

憨人眼光有限，但从我身边的例子来看，程序员转行的途径还是挺多的，有转管理，转销售，转售前，转售后，转产品，甚至转猎头等。虽然前面介绍过转业务不好转，但如果你所在公司的业务具备积累价值，那么你也可以转业务。

这些岗位有个共同特点，都和程序员岗位比较接近，而且这些岗位还挺需要程序员的技术背景的。因此，转过去很容易。

- ❑ 项目管理：特别需要有技术背景的项目管理。
- ❑ 产品：特别需要有技术背景的产品。
- ❑ 业务：经常需要有技术背景的业务。
- ❑ 销售：经常需要有技术背景的销售。
- ❑ 猎头：有时需要有技术背景的猎头。

当然，我的眼界有限，列举的可能不全面，但大体思路是不错的：你可以脱离程序员这个热门岗位，但不要脱离你所在的热门行业。因此，如果你曾经是程序员，在转战的过程中，你的技术积累总有兑现的机会。你曾经的技术在你将来的职业生涯会占到一定的优势。要相信，程序员的经历真正赋予你的是完善的逻辑思维能力，拥有这种能力，走到哪里都不怕。技术嘛，只是你实现"职场移民"的一种手段。

根据已转行的朋友反馈：多年来 IT 行业持续火爆，毕业时大量聪明的人进入程序员岗位，其他岗位往往没有程序员这么突出，一旦转过去，你会发现容易鹤立鸡群。这些岗位的职业生涯比程序员持续得更长久，因为所需知识不会变化得那么频繁。

转过去还有一个很好的优势：因为热门的技术领域是一波一波的，很难预测。那些和技术沾边又不是具体技术的岗位，在变迁后需要的技能差不多，能比较容易地切换行业领域，使自己一直处于热门领域之中。而技术岗位需要一直苦苦学习、不断追赶才能持续在热门领域里。

好了，说了这么多转行的机会，最后必须得回补一句：转行需谨慎，换行有风险，它是人生最重要的选择之一。可能程序员不是你的最佳选择，但基本上不会是最差选择，所以不要轻易放弃这一碗好饭。转行需要机遇和勇气，如果确定想转，可一定要趁早。即使你脱离了程序员岗位，却不意味着脱离编程。让编程作为一件业余爱好，又何尝不是一件美事。你对编程的热爱反而能更加纯粹。

23.7   总结

程序员需要强大的逻辑能力，耐得住寂寞，能坚持长期学习。

编程需要聪明人，聪明人的选择却可以更多。如果想转行，就要趁早。

人生是在迷宫中长跑，越往后，你越会意识到：选择比努力更重要。

站在巨人的肩上
Standing on Shoulders of Giants

TURING
图灵教育

iTuring.cn

站在巨人的肩上
Standing on Shoulders of Giants

iTuring.cn